我的第一本
趣味
天文书

[俄罗斯]雅科夫·伊西达洛维奇·别莱利曼◎著
陈艺熙◎编译

中国纺织出版社有限公司

内 容 提 要

太阳为什么东升西落？地球的质量能称出来吗？什么是经纬线？日食和月食是怎么产生的？月球上有水吗……这些问题都能从天文学中找到答案，小读者们学习一些天文知识，能了解生活、激发学习兴趣和探索性思维，成为天文小达人。

本书是一本世界经典青少年科普读物，不仅包含天文学的常识和基础知识，还运用各种奇思妙想和让人意想不到的分析，激发小读者学习天文学知识的浓厚兴趣，让小读者能够在生活和学习中活学活用天文学知识。

图书在版编目（CIP）数据

我的第一本趣味天文书 /（俄罗斯）雅科夫·伊西达洛维奇·别莱利曼著；陈艺熙编译. -- 北京：中国纺织出版社有限公司，2023.3
ISBN 978-7-5180-9548-3

Ⅰ.①我… Ⅱ.①雅… ②陈… Ⅲ.①天文学—青少年读物 Ⅳ.①P1-49

中国版本图书馆CIP数据核字（2022）第086469号

责任编辑：邢雅鑫　　责任校对：高　涵　　责任印制：储志伟

中国纺织出版社有限公司出版发行
地址：北京市朝阳区百子湾东里 A407 号楼　邮政编码：100124
销售电话：010—67004422　传真：010—87155801
http://www.c-textilep.com
中国纺织出版社天猫旗舰店
官方微博 http://weibo.com/2119887771
三河市宏盛印务有限公司印刷　各地新华书店经销
2023年3月第1版第1次印刷
开本：880×1230　1/32　印张：6.5
字数：120千字　定价：45.00元

凡购本书，如有缺页、倒页、脱页，由本社图书营销中心调换

前言

为什么苹果会掉落？

什么时候影子会消失不见？

经度长还是纬度长？

一年四季从何时开始？

为什么恒星忽明忽暗，而行星则稳定地发着光？

月球上的天气如何？

……

这些都是天文学的知识，那么，什么是天文学呢？

天文学是研究宇宙空间天体、宇宙的结构和发展的学科。内容包括天体的构造、性质和运行规律等。主要通过观测天体发射到地球的辐射，发现并探测天体的位置、探索它们的运动规律、研究它们的物理性质、化学组成、内部结构、能量来源及其演化规律。

天文学是一门十分有趣的学科，从流星、月亮等我们十分熟悉天体的奥秘，到遥远的宇宙起源之谜都是它的研究范围。天文学是一门古老的科学，自有人类文明史以来，天文学就是能够和音乐、数学相提并论的古老的学科。

而如今，人们正以天文学为立足点，一步步地揭开小朋友们好奇的问题，而我们编写本书就是为了使小读者对天文学产生浓厚的兴趣，并学习相关知识。在书中，我们向小读者介绍了一些天文学的问题，同时以充满趣味性的方式介绍了天文学的科学成果，引人入胜地描述了星空的一些重要现象，并对我们习以为常的日常现象做了全新的、令人意想不到的解读，并揭示了这些现象的真实意义。小朋友们，阅读这本书你会发现天文学的无穷魅力，进而帮助你轻松地迈进天文学的大门。

编译者

2022年10月

目录

第1章 地球及其运动

第2章　月球及其运动

第3章　行星

目录

第5章　万有引力

参考文献

第一章

地球及其运动

🛸 不可思议的最短航线

在一堂数学课上，老师讲到"两点之间的最短距离"这一知识点时，他在黑板上标出了两个点，然后让台下的学生标出两点之间最短的路线。说着，一名男孩被叫上讲台，只见他看了一会儿后，用一条曲线将这两点连了起来。

老师看完以后很生气，对他说："我一再强调，两点之间，直线是最短的！你为什么要画一条曲线呢？"

听完老师的话，男孩理直气壮地说："这是我妈告诉我的，她是公交车司机，每天都这样走。"

相信对于这一问题，很多人都和老师的想法一样，然而，事实真是如此吗？

确实，我们可以说，从数学的角度来说，两点之间直线最短，但运用到现实生活中就未必了。

此处，我们必须要提到航海图和一些地球的基本知识。

随着科技的发展，人们对地球的形状已经有了一个明确的认识：地球并不是一个正球体，而是一个两极稍扁、赤道略鼓的不规则球体，地球的平均半径约6371千米，最大周长约4万千米，表面积约5.1亿平方千米。但得到这一正确认识却经历了相当漫长的过程。

我们可以看到，地球是一个球体，并且，从严格意义上来说，它的任何一部分都不可能完全展成一种中间不重叠且不破裂的平面。所以，我们要想在一张纸上完全真实地绘制出某块陆地是不现实的。因此，人们在绘制地图时，难免会出现一些歪曲，想要一点歪曲都没有，是不太可能的。

下面，我们来谈谈航海家提到的航海图。提到它，我们就必须认识一个人，那就是16世纪荷兰地理学家墨卡托，绘制方法就是他发明的。我们通常把这种方法称为**"墨卡托投影法"**。这种地图有格子，很容易看懂，上面的所有经线都是用平行的直线表示的，所有的纬线都是用与经线垂直的直线表示的。

那我们不禁要问：如何在同一纬度上找出两个海港间的最短航线呢？你可能会说，只要知道最短航线的位置和它所在方向就行。接下来，你可能还会想到，最短航线肯定在两个海港所处的纬线上，因为地图上的纬线都是用直线表示的，我们可以用"两点之间直线最短"来解答。可惜啊，这是不对的，按照这种方法找出的航线不是最短的。

我们来分析一下。在一个球面上，两点之间最短的路线不是它们的直线连线，而是经过这两个点的一个大圆弧线（球面上，圆心与球心重合的圆称为大圆）。这条大圆弧线的曲率比这两个点之间任何一条小圆弧线的曲率都要小，且球的半径越大，大圆弧线的曲率就越小。所以，看似直线的纬线，其实都是一个个小圆。这就是说，最短的路线不是在纬线上。

现在我们拿出一个地球仪进行求证，我们在地球仪上任意选出两点，用一条细线将这两点连接起来，然后拉紧这条线。你会发现，这条线与纬线是不重合的。其实，拉紧的细线才是最短的距离。也就是说，在航海图上，最短的距离也不是一条直线，因为经纬线都是曲线，只是在地图上我们通常用直线来表示。反过来，在地图上，任何一条与直线不重合的线都是曲线。

综上，我们可以得出结论，在航海图上，最短的是曲线而不是直线。

举个例子，在很多年前，俄国准备修一条从圣彼得堡到莫斯科的铁路，也就是十月铁路，也叫尼古拉铁路，但是这条铁路的路线引起了人们的争议。最后，这件事由沙皇尼古拉一世出面敲定，他认为需要修一条直线，因为直线距离最短。但如果他懂得这一天文学知识，就不会做出错误的决定了，因为这条铁路应该是一条曲线，而不是直线。

其实，非洲好望角和澳大利亚之间，推算得出的二者之间航线直线距离为6020海里，但是曲线距离为5450海里，可见，曲线距离比直线距离还短，且足足有570海里，相当于1050千米。

再如，我们可以从地图上观看上海与伦敦之间的距离，如果我们画一条直线的航线，就一定会途经里海。但实际上，最短的航线应该是经过圣彼得堡再往北，航海家如果在出发前不弄清最短航线的问题，可能会走不少冤枉路。

在这些"冤枉路"中，最重要的损失莫过于耗费燃料了，尤其是现代这个早已不使用帆船出海的现代社会，轮船出现后，时间就是金钱。航程长，意味着需要耗费更多的燃料，所以，现代航海家不再使用墨卡托地图，而是一种叫作"心射"的投影地图。这种航海图用直线来表示大圆弧线，航海家们运用这一地图，可以保证轮船始终沿着最短的航线往前行进。

从前的航海家是否也知道我们这里分析的知识呢？答案是肯定的，那么，这些航海家为何还坚持使用墨卡托地图而不走最短的航线呢？

其实，任何事物都有两面性，也许墨卡托地图有很多缺陷，但是在某些特定的情况下，却能成为航海家们的帮手。

这里，我们需要了解几点知识：

（1）除了赤道外，墨卡托地图所表示的小块陆地区域的轮廓大体来说是准确的，而在距离赤道越远的地方，在地图上所表示出来的陆地轮廓比实际越大。并且，纬度越高，陆地轮廓就会被拉伸得越厉害。如果是外行人，是看不明白这些的。

比如，在墨卡托地图上，格陵兰岛和非洲大陆面积看起来差不多，阿拉斯加看起来比澳大利亚大多了。但其实，非洲面积足足有格陵兰岛的15倍之多，而即使将阿拉斯加和格陵兰岛的面积相加，也只有澳大利亚的$\frac{1}{2}$。

在墨卡托地图中，高纬度区域的陆地轮廓被拉伸了，因此，我们会产生格陵兰岛比非洲陆地面积还要大的错误认知。

不过，对于已经对墨卡托地图驾轻就熟的航海家来说，在这一地图上表示出来的大小无伤大雅，他们可以包容。因为从实际情况来说，航海图上所表示的陆地轮廓与实际出入并不大。

（2）墨卡托地图是航海家们经常使用的一种定航地图。它是唯一用直线表示轮船定向航行航线的一种地图。

所谓定向航行，指的是轮船在航行中的方向、方向角保持不变，简单地说，就是轮船在航行中航线跟所有经线相交的角度是不变的，这些航线被称为斜航线（缠绕在地球上的螺旋状曲线）而只有在这种用平行直线表示经线的地图上，才能用直线标出航线。

地球上的所有经线圈和纬线圈是垂直的，相交形成的角也是直角，所以，我们在墨卡托地图上，看到的也是经线与纬线垂直，进而形成一个个方格。

这就是为什么这些船长喜欢在航行时使用墨卡托地图的原因了。

现在，假如有一名船长要到某个海港去，那么，他可以这样做：首先，拿出一个尺子，在出发地和目的地之间简单地画出一条直线，然后，测出这条直线和经线之间的夹角，这个夹角就是轮船的航行方向。如果他按照这一方向前进，无论航程多远，他都可以到达这一海港。

有趣的一点是，我们说的大圆航线和斜的航线在某些情况下是会重合的，沿着赤道或者经线航行时就是如此，这是因为，在墨卡托地图上，大圆航线此时也是直线，不过其他地方就不是如此了。

🛸 经度长还是纬度长

关于经纬线的相关知识，大家应该不会陌生，课堂上都学习过。然而，对于下面这个问题，很多人却未必能够答得上来：1° 纬度总是比1° 经度长吗？

看到这个问题后，可能不少人会说是的。在他们看来，这是显而易见的，因为任何一个纬线圈都比经线圈小，而经度和纬度又是根据纬线圈和经线圈的长度计算得出的。所以，1° 纬度总比1° 经度长。

对于这个解释，听起来似乎合情合理，但其中忽略了一个事实：我们生活的地球并不是一个标准的正圆形球体。从某种意义上来说，它是一个椭圆体，而且，越靠近赤道，弧度越突出。所以，对于这样一个特殊的球体来说，赤道的长度比经线圈的长度要长一些，有时甚至在赤道附近的纬线圈也比经线圈大。通过计算，我们可以得出，从赤道到纬度5°，纬线圈上的1°（经度）比经线圈上的1°（纬度）要长一些。

阿蒙森的飞机在往哪个方向飞

罗阿尔德·阿蒙森（1872—1928）是挪威极地探险家。他在探险史上获得了两个"第一"：第一个航行于西北航道；第一个到达南极点。 1903年6月，阿蒙森的探险队开始远航寻找西北航道。整队人马在深入北极圈的威廉王岛上安营扎寨，度过了两个冬天，又在马更些王岛上又度过了一个冬天。他们于1906年9月完成了到达太平洋的航行。

阿蒙森曾于1926年5月和同伴乘坐"挪威"号飞艇进行过一

次飞行，他们的出发地是孔格斯湾，然后飞越北极点，最后到达了位于美国阿拉斯加的巴罗角，这一行程共耗时72小时。

现在我们来提出一个问题：你知道当他们从北极返程时要飞往哪个方向吗？当他们从南极返回时，又是朝哪个方向飞的？

对于这一问题，我们首先要明确的一点是，北极位于地球的最北端，而南极位于地球的最南端。所以，对于阿蒙森的飞行队来说，如果他们从北极返回，那么，他们肯定是往南飞的。阿蒙森在自己的日记中这样写道：

"我们驾着'挪威号'在北极的上空绕了一圈，然后继续我们的飞行……飞离北极时，我们一直朝着南方飞行，一直到我们降落到罗马城。"

同理，阿蒙森他们从南极返回时，是一直朝着北方飞行的。

作家普鲁特果夫曾写过的一篇滑稽小说，是关于一个人误入"最东边国家"的，其中有这样一个片段：

"无论是前面、左边还是右边都是朝东的，那么西边去哪儿了呢？也许你会认为，总会有那么一天，我们能看到西边，就像你站在浓浓的大雾中，你迷了路，但你总会找到那个点……不过，遗憾的是，你是错误的。实际上，就连我们忽略掉的后面，也是朝东的。总之，在这个国家，只有东边这个方向，除了东边，再无其他方向。"

在我们实际生活的地球上，并不存在小说里说的前面、后面、左边、右边都朝东的国家。但是却存在这样的地方，它的周围都是朝南或朝北，如果在北极盖一所房子，那么，对于这栋房子而言，它四面都是朝南的。相反，如果在南极盖一所房子，它的四面八方都是朝北的。

常用的五种计时法

多亏了钟表，我们的生活和工作、学习才得以按时进行。然而，你是否想过，钟表所指示的时间意味着什么呢？比如，当你听到有人说："现在是晚上七点。"这句话是什么意思呢？

也许你会认为，在那个时候，钟表指针所指示的刚好是"7"这个数字，那么，此时的"7"又是什么意思呢？你也许会说，它表示的时间是，正午过后，又过去了一个昼夜的$\frac{7}{24}$，可是这一昼夜又是什么意思呢？

事实上，关于"一个昼夜"的说法经常被人们提起，我们也知道，所谓"一个昼夜"指的是地球绕地轴自转一周所需要的时间，那么，我们该如何测量呢？

为此，我们可以找到我们正上方的天空中的一个点（天顶）和地平线正南方的一点，并把这两个点连接起来，进而获得一个基准线，然后，测量太阳的中心两次经过这条线的时间间隔，这段时间就是一昼夜的时间。这一时间可能会受到很多方面的影响，这个时间可能并不固定，我们也没必要严格要求钟表与太阳的运行时间完全符合。并且，绝对的精准时间是不存在的，所以，我们在100多年前听到的来自巴黎钟表匠所说的那句"关于时间，我们不要相信太阳，它就是个骗子"并不科学。

可是，如果我们不依赖于太阳来计时的话，又该依赖什么呢？

不过，巴黎钟表匠所说的那句话是一种夸张的说法。不要以实际的太阳作为参考标准，最好是借助太阳模型。

这一模型，我们不要求它发光发热，只要求能帮助我们计算时间。假如我们设定它的运行是恒定不变的，并且它绕地球运行一周的时间与真实的太阳是一样的。在天文学中，我们将这个模型称为"平均太阳"，当"平均太阳"经过准线时，我们将那一时间点称为"平均中午"，而两个"平均中午"之间的时间，我们称为"平均太阳时间"。而很明显，"平均太阳时间"与真正意义上的太阳时间是不一致的，但是它可以作为校正钟表的标准，如果你想知道某个地方真正的太阳时间，可以用日晷来测定，不过，日晷与钟表也有不同，因为日晷是利用针影作为指针的。

有这样一个说法，经过准线的太阳时间间隔肯定会有差异，因为地球绕轴自转的时候，速度并不是一成不变的。不过，我们可以说，这一说法是错误的。

实际上，这一差异与地球的自转之间并无任何关系，而是由地球绕太阳公转的速度不均导致的。正如图1所示，我们标出了地球在公转轨道上连续运行时的两个点，地球右下方的箭头所表示的就是地球自转的方向，如果我们从北极点看，就会发现地球的自转方向是逆时针。对于左边地球上的点A来说，这时候正好面对了太阳，此时的时间正好是正午12点，与此同时，地球依然在围绕着太阳公转，在地球自转完一周时间后，它所达到的公转轨道的位置应该在轨道中偏右的某个点上，也就是图中右边地球所表示出来的。

所以，点A所处的方向是恒定的，但因为它在公转轨道上也产生了位置的变化，所以，点A便不再正对着太阳，而是偏向了左边。因此，此时对于点A，它的时间并不是正午，而是过几分钟才是，也就是等太阳越过点A处时。

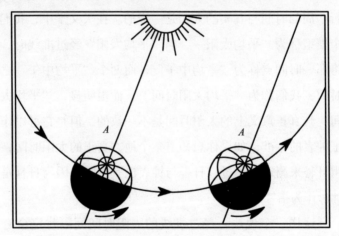

图1　太阳日与恒星日

从图1中，我们可以得出，一个真正太阳日的时间比地球自转一周的时间要稍微长一点。

此处，我们可以做出这样一个假设——地球的公转是匀速的，并且太阳的运行轨道是圆形的，且以太阳为中心，那么，"真正的太阳日"与地球自转一周的时间就是固定的，我们就不难计算出来。

并且这是一个恒定的、细微的时间差乘以一年的天数（365），这个时间就是一昼夜。

所以，我们能得出结论：地球绕太阳公转一年的时间，比其围绕地球自转这一年的时间刚好多一天，而一天刚好是地球自转一周的时间，这样，我们就很容易推算地球自转一周所需要的时间：23小时56分4秒。

实际上，此处我们推算出来的一个昼夜的时间，也恰好是地球以任何其他恒星为参照自转一周所需要的时间，所以，我们常将这样的一昼夜称为"恒星日"。

此处，我们能看到，与一个太阳日相比，一个恒星日要少3分56秒，通常，我们会将这一数值四舍五入，也就是将其看成4分钟。

不过，我们需要明白，这一数字是在忽略其他一些因素的影响下得出的，我们还需要考虑以下几个方面的因素，下面我们一一列举：

（1）地球绕太阳公转的速度并不是匀速的，而是变速的，并且公转轨道也是椭圆的，而非正圆，在距离太阳近的地方，速度会快一些，而距离太阳远的地方，则速度会放慢。

（2）地球所在的自转与公转轨道平面并不是完全垂直的，而是存在一个夹角，所以，真正的太阳时间与平均太阳时间也不相同，一年之内，在4月15日、6月14日、9月1日和12月24日这四天，这两个时间才是相等的。

另外，我们还能推算出两个时间差异最大的两天——2月11日和11月2日，差了足足有15分钟（图2）。

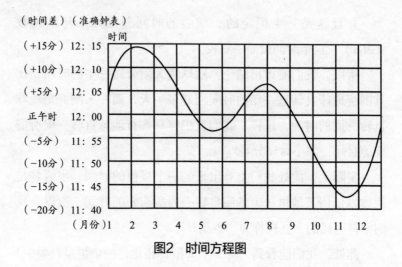

图2 时间方程图

在天文学上，我们通常将这一图称为时间方程图，它的作用是表示平均太阳中午和真正太阳中午之间的时间差。比如在4月1日这天，在钟表上，真正的正午时间并不是12点，而是12点5分，也就是说，图中的曲线所表示的是真正太阳中午的平均时间。

我们在平日的生活中可能经常听到有人说"北京时间""伦敦时间"。之所以有这样的说法，是因为随着地球经度的不同，各经度的太阳时间也不同。直白点说，就是在地球上的每个点、每个城市，都有其自己的"地方时间"。

地球上每个地方所处的经度是不同的，为此，我们通常将地球平均划分为24个相等的时区，在同一时区执行的是同一个时间标准，也就是这一地区中间经线所对应的平均太阳时间。所以，在我们的地球上，只有24个互不相同的时间，但并不是每个地方都以自己的地方时间为执行标准。

在这里，我们一共讨论了三种计时类型，也就是真正的太阳时间、当地的平均太阳时间和时区时间。

除了这几种外，还有一种经常被天文学家拿来使用的时间类型——恒星时间，这是一种通过恒星日计算出来的时间。前面，我们已经分析过，与平均太阳时间相比，恒星时间短了约4分钟。

在每年的3月22日这天，二者会相互重合，不过，从3月23日开始，每天的恒星时间就会比平均太阳时间要早4分钟。

除了以上我们提到的4种计时方法，还有第5种，我们称为"法令规定时间"，与时区时间相比，它往往提前一个小时。每年夏季，作息时间较长，这一计时方法是为了弥补这一不足，通常是在春季和秋季，这样，燃料使用量和用电量就会减少。

在一些西欧国家，通常只是在春季使用这一时间，也就是，在春季开始时将半夜一点拨快一个小时到两点，而到了秋季，则往回再拨一个小时，这样，就回到了原来的时间。在俄国，每年都会有这样的钟表时间调整，这样能缓解发电厂的用电负荷。

🛸 白昼的时间有多长

我们要想了解某个地方一年中的精确的白昼时间，可以查阅天文年历表，但在实际操作中，我们只需要了解大概数值就可以，并不需要太精确，如图3所示，这些数值已经够我们使用了。

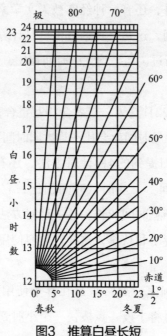

图3　推算白昼长短

在图3中，左侧的数值所表示的是当天的白昼时间，而下面的刻度则表示太阳和地球赤道的角距。

这一概念称为太阳"赤纬"，一般是用度数表示。而图片中斜线末端的数字则表示的是观测点的纬度。

为了方便查阅，我们在下表中列出了一年中某些特殊日期的赤纬，供大家参考。

太阳赤纬	日期
$-23\frac{1}{2}°$	12月22日
$-20°$	1月21日，11月22日
$-15°$	2月8日，11月3日
$-10°$	2月23日，10月20日
$-5°$	3月8日，10月6日
$0°$	3月21日，9月23日
$+5°$	4月4日，9月10日
$+10°$	4月16日，8月28日
$+15°$	5月1日，8月12日
$+20°$	5月21日，7月24日
$+23\frac{1}{2}°$	6月22日

注 表中"+"表示在地球赤道的北面，"-"表示在地球赤道的南面。

下面是两道习题，以此来帮助我们理解这一问题。

题目一：圣彼得堡位于北纬60°，这个城市在四月中旬的时候，白昼时间是多少？

通过查阅上表发现，在四月中旬时，太阳赤纬是+10°，而在图3中，沿下面的10°这一点向上作底边的垂直线，这条垂线将与纬度为60°的斜线相交于一点；从这个交点横对过去所对应的左侧数字约为$14\frac{1}{2}$，那么白昼时间为14小时30分。不过，此处，我们需要注意，这是一个大概数值，因为我们编写的表格并没有考虑到大气折射等因素的影响。

题目二：阿斯特拉罕处于北纬46°，11月10日这天的白昼时间是多少？

按照上面我们所说的这种推算方法，在11月10日这天，太阳位于地球的南半球，此时太阳赤纬是-17°，从表中我们可以看到，这个数字正好也是$14\frac{1}{2}$小时，但我们得到的这一数字并不是白昼时长，而是夜长时间，因为此处的赤纬是负数，所以，我们得到的答案是$24-14\frac{1}{2}=9\frac{1}{2}$，也就是9小时30分。

按照这一方法，我们还能推算出日出时间，方法是，先把上面的9小时30分除以2，也就是4时45分，在图2中，我们了解到在11月10日这一天，正午时间应该是11时43分，所以，我们推算出这一天的日出时间就是：

11时43分-4时45分=6时58分

同理，我们也能推算出这天的日落时间：

11时43分+4时45分=16时28分

也就是下午的4时28分。

因此，图2和图3完全可以代替天文年历代表格来成为我们推算的助手。

借助它们，我们不仅能计算出昼夜长短，还能计算出我们所在地方的昼夜时长、日出日落时间，如图4所示。不过，此处我们还需要注意，我们从图中看到的时间并非当地的法定时间，而是当地时间。按照这一方法，只要我们知道当地的纬度，就能很轻松地绘制出这样一张图表，按照这一图表，就可

以十分清晰地查出任意一天的日出日落时间。

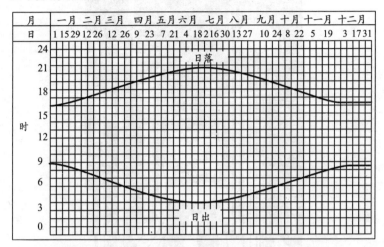

图4 纬度为50°地区的全年太阳升落时间对照图

影子到哪儿去了

白天的时候，我们站在太阳底下，都会有影子，但是会不会存在没有影子的情况呢？

可能不少人会认为，怎么可能会没有影子呢？

这种情况真的存在。我们看图5。

其实，这是一张完全按照真实照片临摹的图片，也就是说，我们所说的没有影子的情况是真实存在的。

不过，这一现象只存在于赤道附近。从画面中我们可以看出，太阳位于这个人头顶的正上方（我们称为"天顶"）。但

图5 阳光下的人没有影子

是此人若位于纬度23.5°以外的任何地方，太阳就永远不会到达天顶。

每年的6月22日，太阳的直射点在太阳的北回归线附近，也就是北纬23.5°，我们生活在北半球，这一天正午太阳高度达到最高值，此时，太阳就位于北回归线上各个地方的天顶。而6个月以后，也就是12月22日，太阳的直射点到达了南回归线，也就是南纬23.5°。同样，此时，在南回归线上的各个地方，我们能看到太阳位于天顶。

处于南北回归线之间的人们，一年能两次看到太阳处于天顶位置，那时，人的影子就正好在自己的脚下面，看上去就好像没有影子一样，也就是我们在图5中看到的一样。

图6展示的是极地地区人们的影子：

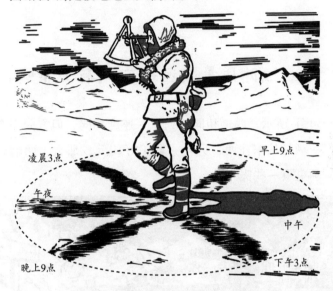

图6　极地的影子

也许你会惊叹：好几个影子，怎么可能？

但这是真的。这里，我们要分析一下极地的昼夜变化：

在极地，一个昼夜内，人的影子长度是不会发生任何变化的。这是因为，在南北两极上，太阳一昼夜的运行轨迹几乎都平行于地平线，这种情况只存在于两极，在其他任何地方，太阳的运行轨迹跟地平线都是相交的。

不过，细心的你也许能发现，图6中也存在一个错误：图片中的人比自身影子还长，且长得多，其实这种情况也存在，但不存在于地球两极，而是在太阳高度角至少是40°时才有可能出现。在地球两极，太阳的高度角小于23.5°。

在运用了数学公式进行计算的情况下，我们发现，在地球两极，物体的影子至少是物体的影子的23倍。

🛸 物体质量与运动方向有关系吗

如图7所示，两辆相同的列车，速度相同，但方向完全相反，一辆是从东往西，另外一辆正好相反，那么，两辆列车哪一辆更重一些呢？

图7　相反方向行驶的列车

对于这一问题，我们给出的答案是：从东往西的列车更重一些。

到底是为什么呢？

这是因为这辆列车对铁轨的压力更大一些，它行驶的方向与地球自转的方向是相反的。列车前进时，由于离心力的影响，这辆列车围绕地球自转轴运动的速度要小一些，所以，对相对方向行驶的列车而言，它减少的质量也少一些。

其实，如果给出一些数值，我们还能计算出具体的差值：

假设这两辆列车的时速是72千米/小时，也就是20米/秒，它们的行驶轨迹是纬线圈60°。据天文学知识，我们知道在这一纬度上，各个地方都是以230米/秒的速度在围绕地球的自转轴运动，所以，与地球自转方向一致的列车，其行驶速度就是（230+20）米/秒，而方向相反的列车速度就是（230–20）米/秒。

对于纬度60°的纬线圈，它的半径是3200千米。所以，我们能计算出第一列列车的向心力加速度：

$\dfrac{V_1^2}{R}$=25000²/320000000厘米/秒²

后一列的列车的向心力加速度为：

$\dfrac{V_2^2}{R}$=21000²/320000000厘米/秒²

这样，它们的向心力误差我们也就能计算出来：

$\dfrac{V_1^2}{R}-\dfrac{V_2^2}{R}$/R=25000²/320000000—21000²/320000000≈0.6厘米/秒²

此处，我们还需要提到向心力加速度的方向与重力方向的夹角为60°，所以，我们能计算出叠加到重力上的部分：

0.6厘米/秒² × cos60°=0.3厘米/秒²

这一数值与重力加速度相除，就是0.3/980，也就是0.0003。

总的来说，自西向东的列车与反方向行驶的列车相比，其质量减轻了0.0003倍。如果这辆列车有45节车厢，那么，它的大概质量是3500吨，此处，它们的质量差，我们也就能算出来了：

3500吨×0.0003=1.05吨=1050千克。

将这一公式运用到其他物体的结算上，假如一艘行驶的轮船，其排水量为20000吨，前进速度为35km/h。那么，这个质量差就能算出来是大约3吨。两艘这样的大船朝着反方向开的话，如果行船轨迹是纬度60°，那么，向西行驶的轮船会比向东行驶的重3吨左右，这一点，即便我们不运用这些知识推算，从船的吃水位置上也能看出来。

白夜与黑昼是怎么回事

如果你阅读过俄罗斯的一些著名文学作品，你会发现，在这些作品中，经常有这样一些非常唯美的描述，比如"白色的黑暗""空灵的光芒"等，而这些词语描述的就是俄罗斯圣彼得堡的白夜。

实际上，每年的4月，就进入了圣彼得堡的"白夜期"，"白夜期"精妙绝伦的光芒吸引了不少游客。在著名诗人普希金的诗歌作品中，有这样一些描述："天空与晚霞在远处交接，黑夜被它们驱逐而去，剩下的是灿烂的金光。"其实，白夜就是晨曦和晚霞之间转换的顷刻，因为圣彼得堡纬度较高，太阳在运行过程中，总是处于地平线17.5°以上。晨曦尚未到来，但晚霞也未散去，于是，这样的美景便出现了，而且，在这里是没有夜晚的。

除了圣彼得堡，在俄罗斯其他的一些地方，也能看见这样的奇观，比如偏南一些的莫斯科。不过，这两个地方白夜景观出现的时间有差异，圣彼得堡5月能看到白夜，但是莫斯科要到5月中旬至7月底之间才能看到。且莫斯科的天空看起来比同一时间的圣彼得堡要暗一点。

在俄罗斯境内，能看到白夜现象最南的地区是波尔塔瓦地区，它处于纬度49°的地方。每年的6月22日，这一纬度上的地方就能看到白夜现象，而且越往北，白夜持续的时间就越长，并且天空越明亮。这些地方有很多，比如叶尼塞斯克、基洛夫、古比雪夫、喀山、普斯科夫等。以上我们提到的这些地方都位于圣彼得堡的南方，因此，在出现白夜时，天空并没有圣彼得堡亮，且持续时间要短一些。

在圣彼得堡北部有个地方，叫普多日，这里的白夜景象要比圣彼得堡亮，在离其很近的地方，有个叫阿尔汉格尔斯克的城市，这里的白夜现象更为明亮，与圣彼得堡现象光亮类似的地方是斯德哥尔摩。

以上，是白夜的一种情况，还有一种，它并不是晚霞与晨曦的交替，而是持续不断的白天。在这些地方，根本就没有晚霞和晨曦，这是因为在这些地方，太阳只是掠过这个地方的地平线，而没有落到地平线的下面。

例如，在北纬65°42'以北的地区，我们看到的就是与白夜情况完全相反的景观——"黑昼"，也就是说，在这些地方，晨曦和晚霞不是在午夜更替，而是在中午。因此，我们在这些地方能看到持续不断的黑夜。

实际上，在很多地方，白夜与黑昼是同时存在的。而且，它们的明亮程度是差不多的，只不过，两种现象出现的季节不同。比如，我们在某个地方6月看到了不下山的太阳，那么，在同年同地的12月，我们也会有一段时间看不到太阳。

🛸 光明与黑暗的交替

在学习天文学知识之前，我们也许一直认为太阳每天都会准时升起且准时下山，不过，在了解了相关知识之后就会发现，这一切远比我们想象中复杂。

在地球上的不同地方，昼夜交替现象的情况是各不相同的，且昼夜与光亮的交替也不是一一对应的，为了更方便地讨论这一问题，我们将地球划分成5个地带。

第一个地带是位于南北纬49°之间的区域，在这一区域内，每天都有真正的白天与黑夜。

第二个地带是位于纬度49°~65.5°的区域，也就是白夜地带，包括我们前面说的俄罗斯境内的波尔塔瓦以北的部分地区，在夏至前，白夜就会出现。

第三个地带是位于纬度65.5°~67.5°的区域，这是一个半夜地带，在这一地带每年的6月22日前后，我们几乎看到不下山的太阳。

　　第四个地带是位于纬度67.5°~83.5°的区域，这是一个黑暗地带，到了每年的6月，这里能看到不间断的白昼，这些日子是完全被晨曦和黄昏笼罩的，但到了12月，不间断的黑夜就来临了。

　　第五个地带是更往北的地方，也就是纬度在83.5°以北的区域，在这里，光与暗的交替更为复杂。在本节开头我们所叙述的圣彼得堡白夜现象，那里的白昼与黑夜之间只不过出现了一种非正常的交替，而在这里，我们所讨论的第五个地带，情况又完全不同。在这一地带内，在夏至和冬至之间的这段时间内，一共可以感受到五个阶段的变化。

　　第一阶段，持续的白昼；第二阶段，在半夜时分，会交替出现白昼与微光，但是并不会出现真正意义上的黑夜；第三阶段，是持续的微光，但每天的半夜时分会更加黑暗；第四阶段，基本处于微光状态，但每一天的半夜前后会比较黑暗；而到了第五阶段，就是持续的黑夜了。从冬至到第二年的夏至，这五个阶段又会颠倒顺序重复进行一次。

　　前面我们分析的是北半球的情况，其实，南半球的情况基本类似，在相同的纬度上，也会出现相似的一些现象。可能一些人会问：南半球似乎没有白夜现象吧？其实，这需要我们考虑南半球的地表特征，以圣彼得堡为例，我们都知道，在南半球相同位置的地方全是海洋，想必只有那些勇敢的航海家和探险家，才会看到与圣彼得堡相似的美景吧。

🛸 北极太阳之谜

一位探险家到北极探险时，看到过这样一幕奇特的景观：在夏季的北极，当阳光照射到地面上时，地面没有发热，可如果照射到直立的物体上，温度却很高。比如，垂直于地面的房屋墙壁和峭壁，在阳光的照射下会变得很烫，直立的冰山融化的速度会变快，木船舷上的树胶被晒化，人的皮肤也很容易被晒伤。

为什么会出现这样的情况呢？

我们可以从物理定律来解释：阳光照射物体表面的角度越接近垂直，它发挥的作用越明显。夏季时，由于北极地区太阳所处的位置很低，通常太阳的高度都低于45°，如果物体垂直于地面，那么它与阳光之间的夹角就会大于45°。这样，太阳所发挥的作用就比照射在地面上大一些，因而照射的效果也更强。

🛸 四季开始于哪一天

天文学上将北半球每年的3月21日作为冬天的结束和春天的开始，无论这一天的天气是什么样子的，也无论它的气候是冷是暖。可能你会问：为什么要把这一天作为冬季和春季的分界线呢？这是依照什么制定的呢？

从天文学上来说，春季的开始并不是根据大气的气候变化而定的，因为气候总在不停地变化。在某个特定的时刻，在同一时间点，北半球上可能只有一个地方会出现真正意义上的春天。因此，气候特征跟季节变化没有特定的关系。天文学家对于四季的划分，主要是依据中午时分太阳的高度角、白昼的长短等天文学因素，气候只是一个参考值。

之所以选择3月21日，是因为这一天的晨昏线刚好经过地球的两极。我们可以通过一个实验模拟一下：

这一实验需要一个普通的灯，打开灯，让灯光射向地球仪，使地球仪上被照亮的那一区域的分界线刚好与经线重合，并且与赤道所有的纬线圈垂直。接下来，我们慢慢转动地球仪，此时，我们发现，地球在转动的时候，光亮与黑暗的两个部分正好将整个地球一分为二。

通过这一实验，我们可以看出，每年的这一时间，在地球表面的任何地方，昼夜时间都是相等的，也就是白昼和黑夜都是12小时，这一天的日出时间是早上6点，日落时间是晚上6点。

在天文学上，3月21日被称为"春分"，而到了9月23日这天，我们将其称为"秋分"。春分是冬春交替，而秋分则是夏秋交替。

不过，我们还需要注意的是，这一情况分析的是北半球，对于南半球来说，则是完全相反的，也就是说，在赤道北部，当冬春交替时，在赤道南部，则是夏秋交替。

另外，对于北半球来说，在一年中，昼夜长短遵循着这样的变化规律，从6月22日开始，到12月22日，其白昼时间会逐渐缩短。而从12月22日开始，到第二年的春分，也就是3月21日这段时间，白昼时间会逐渐增长，且在这一段时间内，黑夜的时长总是超过白昼。而从3月21日到6月22日，白天会逐渐增长，从6月22日到9月23日，白天又开始逐渐缩短，且这段时间内，白天的时长总是超过夜晚。

在天文学上，以北半球为例，四季的开始与结束主要以上面我们提到的四个时间点为轴贯穿的，也就是：

3月21日——昼夜等长——春季来临；

6月22日——白天最长——夏季来临；

9月23日——昼夜等长——秋季来临；

12月22日——白天最短——冬季来临。

对于南半球的情况正好相反，我们就不再一一举出。

下面是几道练习题，以帮助我们巩固知识：

（1）地球上全年昼夜等长的地方是哪里？

（2）今年的9月21日，塔什干是几点日出，同一天，东京的日出时间又是几点，南美的布宜诺斯艾利斯，日出时间又是何时？

（3）9月23日这一天，新西伯利亚几点日落，纽约、好望角的日落时间分别又是几点？

（4）8月2日这天，赤道上日出时间是几点？2月27日这天呢？

（5）7月有没有可能出现严寒？1月可能出现酷暑吗？

以下是这些问题的分析和答案：

（1）地球上全年昼夜等长的地方是赤道，因为无论地球在哪个位置，太阳直射地球的面，总是能将赤道平分。

（2）和（3）中，春分和秋分日，地球上所有的地方日出时间都是早上6点，日落时间是晚上6点。

（4）赤道全年日出时间都是早上6点。

（5）7月可能出现严寒、1月可能出现酷暑的地区是北半球的中纬度地区。

🛸 有关地球公转的三个假设

有些在日常生活中经常出现的现象，为其寻找科学解释却并不容易，甚至比那些很复杂的现象更难以理解。

例如，我们已经习惯使用了十进制来计数，但是如若改成七进制或者十二进制，那么，使用起来就会觉得十分不妥；再如，我们在学习非欧几里得几何学时，才发现从前学习的欧几里得几何如此简单。除了这些以外，我们在天文学当中，也可以提出一些假设，以此来帮助我们更好地理解地心引力的问题。

下面，我们就来提出几个关于地球公转的假设：

我们都知道，地球绕太阳运行，轨道平面与地轴之间会产生一个夹角，这个数值大概是$\frac{3}{4}$个直角，所以也就是66.5°。假设地球运行轨道与地轴完全垂直，会出现什么情况呢？我们所生活的世界又会如何变化呢？

1.假设地球公转轨道所在的平面与地轴垂直

如果你阅读过凡尔纳的幻想小说《底朝天》就会发现，在书中，炮兵俱乐部的会员也曾提出过"把地轴竖起来"的假想，天文学上的含义就是地轴垂直于地球公转轨道所在的平面。

当这一假设成立时，发生的第一个变化就是北极星旋转的中点会发生变化，会远离地轴的延长线。

第二个变化就是不再出现四季更迭，要明白这一问题，我们要先弄清楚四季更迭为什么存在，对此，我们可以先从夏天为什么比冬天热开始说起。

我们生活的北半球在夏天之所以会比冬天热，原因如下：

地轴与地球公转轨道所在的平面之间存在一个夹角，因此，在夏天时，地轴北端距离太阳更近，白昼时长大于夜晚，所以太阳照射到地面上的时间较长，而黑夜时间短也导致了散热的时间短，地面吸收的热量大于散去的热量。

另外，正是因为夹角的存在，在白天的时候，地面与太阳光所形成的角度大一些，也就是说，太阳光照射地面的时间更长，照射也更强，而到了冬天，照射的时间短，黑夜时间大于白天，夜晚散热的时间也更长。

我们此处的分析方法，在南半球也可以使用，不过，南北半球相差的时间刚好是6个月，在春季和秋季时，南北半球的气候差不多，这是因为此时太阳与南北极的相对位置一样，地球的晨昏线几乎与经线是重合的，所以白天与黑夜时间几乎相等。

现在，我们再来说说前面的假设，如果地轴与地球公转轨道平面垂直的话，那么，四季更迭将会消失。这是因为地球与太阳之间的相对位置不再发生变化，也就是说，地球上的任何地方，都只会停留在一个季节，要么是春季，要么是秋季。而且昼夜时长也是相等的，在宇宙中，木星就是这样的情况。

　　与热带相比，温带的变化更明显，而到了两极，则气候的情况则完全不同。我们还知道，大气对光具有折射作用，因此，对于两极上的物体来说，它们的位置将要比现在的高一些，就如图8这样，太阳会一直在地平线上浮动，而不是有东升西落。

　　于是，在南北两极，就会出现永远是早晨的情况。这种情况下，太阳会一直处于很低的位置，因为是斜射，所以太阳光的热量并不多，但太阳光一直照射，使得原本寒冷的地方变得很温暖，这大概也是地轴垂直于地球公转轨道平面给我们带来的唯一益处，不过对于地球其他地方来说，则要承受很大的损失。

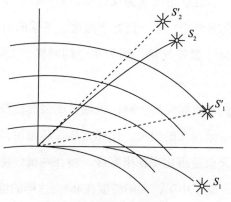

图8　地球大气折射图

　　根据图8，从太阳S_2射来的光线，穿过地球上的每一层大气层时，都会因为受到折射而产生偏移，这样的情况下，观察者会认为光线是从S_2'折射出来的，虽然S_1处太阳已经落山，但大气折射下，观察者依然能看见。

2.假设地球公转轨道平面与地轴之间的夹角是45°

上文中，我们假设这个角是直角，此处我们讨论的是45°，在这样的情况下，春分日和秋分日依然昼夜时长相等，与现在没什么差别。但是到了6月以后，差距就显现出来了，因为太阳直射的不是23.5°，而是45°，所以在纬度45°以上将会出现热带气候，在这之前我们提到的圣彼得堡所在的纬度是60°，也就是说，太阳距离天顶是15°，此时，纬度60°的地区反而成了热带气候。

另外，温带将不复存在，热带和寒带将会连在一起。整个6月，莫斯科都是白昼，除此之外，还有哈尔科夫。而6个月以后，到了冬天，这些情况又会反过来，莫斯科、基辅、哈尔科夫和波尔塔瓦等城市，会一直处于黑夜，冬季的时候，现在的温带地区将处于温带气候，因为正午的时候，太阳高度在45°以下。

虽然我们和前面说的一样，极地可能会有一些益处外，其他地区都会带来很大的损失，比如，热带和温带都会发生很大的变化，冬天会变得比现在更寒冷，而在两极，将会一直处于温暖的夏季，到了中午，太阳高度在45°，这样的情况会持续半年，在如此温暖的阳光照射下，南北极的冰雪也会不复存在。

3.假如地轴位于地球公转运行轨道的平面

相对于上面两个假设来说，这个假设更加疯狂，如图9所示，此时的地球是"平躺着"围绕太阳旋转的，而且同时它还围绕地轴自转，那么，此时会发生什么情况呢？

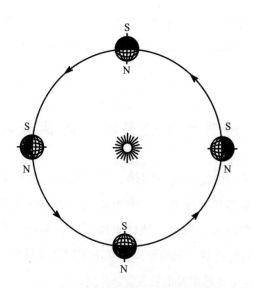

图9　假设地轴位于公转轨道的平面

　　按照这样的假设，在极地附近，将会出现长达半年的白昼和黑夜，在半年白昼期间，太阳会沿着一条螺旋线慢慢从地平线升到天顶的位置，然后又从天顶的位置沿着螺旋线落到地平线以下，而在昼夜交替时，因为太阳没有完全落入地平线，而是在地平线处起伏几天，因此，会出现不间断的微明，而且会围绕天空旋转。夏季时，冰雪会很快融化，在中纬度地区，从春分开始，白昼时间会慢慢变长，直到白昼连续不断地出现。

　　这种假设，能找到一个与之匹配的星球——天王星，因为天王星的自转轴与公转轨道平面之间只有8°，所以，这个夹角几乎可以忽略不计。

　　以上我们共提出了三种假设，并且对于每种假设给出了一定的分析，通过以上的分析，相信大家能对地轴的倾斜度之间有更深层次的了解，事实上，我们能在希腊文中找到"气候"的意思——"倾斜"，这足以表明二者之间的关系。

🛸 地球是中午还是晚上距离太阳更近

对于我们讨论的这一问题，如果地球公转轨道是平面的话，我们很容易得出答案：中午地球与太阳的距离较近，同时，地球在自转，那么，地球表面上的点都正对着太阳。比如，赤道上的点到太阳的距离，在中午时比黄昏时要少6400千米，恰好这是地球半径的长度。

但实际上，地球公转轨道的平面并不是一个正圆形，而是椭圆，太阳位于焦点上，就像图10那样。

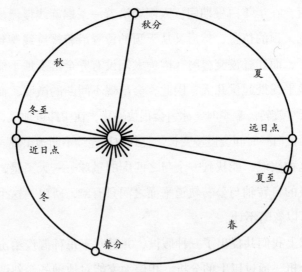

图10　地球绕日公转的轨道示意图

因此，地球到太阳的距离也是时刻变化的，在上半年，地球与太阳之间的距离越来越远，而到了下半年，就会逐渐接近。

实际上，地球与太阳之间的距离一直处于变化中，大概每昼夜相差三万千米，中午到日落的时间内变化的距离是这一距离的四分之一，也就是大概7500千米，与地球自转引起的距离变化来说，这一距离要略大些。

所以，对于这一问题，我们的答案是在1月到7月，地球中午离太阳近一些，而在从7月到第二年的1月，黄昏时离太阳的距离更近一些。

 ## 假如地球公转的半径增加一米

我们知道，地球围绕太阳公转时，二者间的距离是1.5亿千米，但是如果在这一数值上增加一米，在地球公转速度不变的前提下，公转的全长会增加多少呢？一年会增加多少天呢？

关于这一问题，我们绘制出图11。

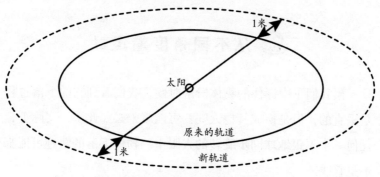

图11　假设地球公转的半径增加1米

一些人会认为，轨道全长会增加，所以一年的天数也会增加。

不过，经过计算和分析，结论让人出乎意料，不过，这也是正常情况。如果有两个同心圆，它们的周长之差与半径的长度无关，而与半径的差有关，如果它们的半径之差是1米，那么，这两个圆的周长之差与地球公转轨道的周长变化完全相同。

那么，为什么会有这样的结论呢？其实，对此，我们只要运用简单的几何学知识就能求证出。

我们假设地球公转轨道是圆形的，半径是R米，那么，它的周长就是$2\pi R$米，而增加了一米半径，就能得出新的周长$2\pi(R+1)=(2\pi R+2\pi)$米，从这一结论中，我们发现，周长也只是增加了2π米，也就是大约6.28米。

因此，我们发现，这个增加量与半径的长度之间并无任何关系。

实际上，地球公转轨道的速度大概是30千米/秒，而6.28米的长度，只相当于一年增加了1/5000秒，因此，这个数值简直小到了可以忽略不计。

从不同角度看运动

当我们手中握住的物体滑落时候，我们看到它的下落过程是垂直的，但是换成其他人呢？可能就未必如此了，实际上，任何一个不跟地球同步旋转的人眼中，物体下落的轨迹可能都不是直线。

以图12为例，假如这一物体下落的高度是500米。实际上，这一物体在下落过程中，也参与了地球的运动，与此同时，我们观测者也参与了，因此，根本感觉不到物体下落时的地球运动，但如果我们能脱离地球运动而观测的话，看到的就不是直线了。

图12　重物下落轨迹

我们假设观测者所在的位置是月球，月球也参与地球围绕太阳的公转，但是自转却与地球不同步。因此，如果站在月球上，那么，地球上这一下落的物体就参与了两种运动，第一种是垂直下落，另一种是与地面相切方向的向东运动。其中一种运动是匀速的，而自由下落的物体速度并不是匀速的，那么，运动轨迹就是一条曲线，如图13所示。

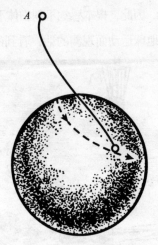

图13　从月球上看地球上重物下落的路径

我们再来假设观察者所在的位置是太阳，看到的物体的下落则又完全是另外一种情况了。

此时，观察者自身并没有参与地球的自转，也没有参与地球的公转，所以，我们能看到三种运动，如图14所示。

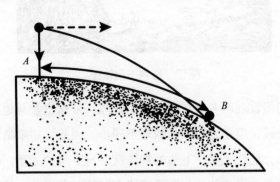

图14　地球上物体垂直下落时所做的运动

（1）物体垂直下落；

（2）物体沿着与地面相切的方向向东运动；

（3）物体围绕太阳公转。

在第一种运动中，因为物体的高度是500米，所以我们可以计算出它垂直落到地面的时间是10秒，在第二种运动中，我们要先设定一个地点，此处以莫斯科纬度计算，其运动路程为0.3×10=3（千米）；对于第三种运动来说，它的速度是300千米/秒，10秒的时间，它已经运行了300千米了，相对于前面两种运动来说，它大多了。对于太阳上的观测者来说，也许只能观察到第三种运动，如图15所示。

在这段时间内，地球往左运行了很长一段的距离，而物体却只下落了一点，此处，我们需要明白，我们绘制的图中的比例尺并不标准，在10秒内，地球运动了300千米，但图中表示的大概是10000千米。

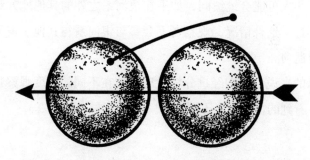

图15　从太阳上观察地球上垂直落下物体的运动轨迹

现在，我们再来假设一下，如果观测者所在的位置是地球、月球和太阳之外的其他星球呢？那么，这一下落过程中，还会出现第四种运动。

这种运动是与这一星球的一种相对运动，无论是方向，还是大小，都取决于太阳系和这个星球的相对运动，如图16所示。

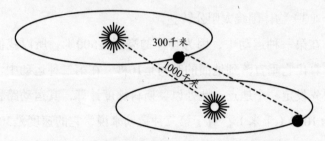

300千米

1000千米

图16 从遥远的星体上观察从地球落下的路线

假设这一个星球的运动速度是100千米/秒，与地球公转轨道平面之间形成一个锐角夹角，那么，物体在10秒的时间里将沿着该方向移动1000千米，此时，我们分析物体的下落轨迹，就会发现，它是个非常复杂的过程。不过，如果换作其他星球，看到的可能又是另外一条路径线路了。

一些人可能会继续问，如果在银河系之外的其他地方观察呢？不过，这种情况，观察者不会参与银河系与其他宇宙天体的相对运动。

总的来说，我们经过分析发现，站在不同的角度观察物体下落，看到的情况完全不同。

🛸 使用非地球时间

现在，我们来提出这样一个问题，一共是两个小时的时间，第一个小时你在休息，第二个小时你在工作，那么，这两个小时是否一样长呢？

也许你会感到诧异，这肯定是一样长的啊，因为钟表测量肯定不会出错。那么，我们现在再来问你，你的钟表一定准确吗？你可能会说，肯定是准确的、校准过的，与地球移动的速度是一致的。按照这种理论，时间相同，地球移动的角度也相同。

可是，你又如何能确定地球移动的速度相同呢？

我们都知道，地球在不停地自转，那么每次自转的时间真的相等吗？理论依据是什么？想要分析清楚这一问题，我们就要摒弃以地球自转为计时标准的思维。

关于这一问题，近几年，在天文学中，就有人提出，对于时间的测量，我们应该采用特殊的测量方法。传统的、以地球匀速自转为标准的方法应该被抛弃。

不过，在具体的研究中，人们发现，理论与实际的天体运动之间还存在着很大的偏差，而且，迄今为止，我们也无法从天体力学的角度来解释这些偏差。并且，很多星球都存在这样的偏差，比如月球、木星的第一和第二卫星、水星等，还有地球的公转。

比如，以月球为例，我们给出的理论与实际运动之间存在了 $\frac{1}{4}$ 分钟的差距。

不过，经过分析研究后，倒是能发现它们的一个共同的特点：在某个特定的时间会暂时变快，在那之后，又会突然变慢。按照这一点，我们分析，造成这些偏差，应该是有着相同的原因。

也许你会认为，是钟表计时不准确或者地球非匀速转动。正是因为这样的想法，一些人提出，我们应该抛弃"地球钟"，而设计其他的自然钟来代替，这是一种能根据木星卫星、月球或水星的运动进行校准的时间。

实践证明，如果我们使用这种自然钟，那么，前面我们提到的天体运动都能给出完美解释。不过，我们同时也发现，如果使用这种自然钟，地球自转也不再是匀速的了，而是先在几十年内会变慢，在接下来的几十年又会加快，然后又变慢，如图17所示。

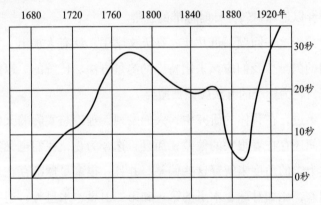

图17　1680~1920年地球自转相对于匀速运动的情况

图17这一曲线表示的是1690~1920年地球自转相对于匀速运动的差距。上升的部分展示的是一昼夜的时间变长，此时地球的自转速度变慢，而下降的部分则表示地球自转速度变快。

由此，我们可以得出，对于太阳系的其他天体来说，如果它们的运动是匀速的，那么，地球的自转就不是匀速的了。

事实上，从严格意义上来说，匀速运动与地球运动的偏差并不大，据了解，在1680~1780年这段时间，由于地球自转变慢，日子变长了一些，在这样的情况下，地球与其他天体运动相差了30秒的时间。不过，到了19世纪中期，地球的自转又会加快速度，日子变短，而这个差值会减少10秒。到了20世纪初，又减少了20秒。到20世纪的前25年，地球自转速度再次变慢，日子再次变长，这个时间差又变成了30秒。

这样的变化可能有多方面的原因，比如地球直径的变化、月球的引潮力，不过迄今为止，还没有明确的答案。

年月从什么时候开始

我们都知道，新年意味着辞旧迎新，意味着新的开始。在俄罗斯的莫斯科，当新年开始时，会敲响12下钟声，这是新年的标志。但对于莫斯科以东来说，新的一年早就开始了，莫斯科以西却还处于上一年的末尾。地球这个球体上，东边和西边是相连的，不过，我们能不能找到一个准确的界限来区分新年与除夕、1月与12月，或是帮助我们知道新的一年从什么时候开始呢？

实际上，这条界线是客观存在的，也就是"日界线"，它是在国际上规定的，就在经线180°附近，穿过白令海峡和太平洋。

在我们生活的地球上，所有年月日的交替都是从这条"日界线"开始的，这条线是地球上第一个进入新一天的地方，这就如同所有的日子穿过这道门，开始了一年的年月日，然后一路向西，绕地球一周，再回到它诞生的地方，最后消失于地平线以下。

现在，我们已经清楚地了解到日界线的存在，但是在从前，航海家们并不知道，因此，他们会经常搞混日期。

曾经有个名叫安东·皮卡费达的人，在随着麦哲伦周游世界时，他曾写过一段日记，内容是这样的：

"7月19日，星期三，今天，我们来到了绿角岛，我们准备上岸，船上的人都有写日记的习惯，但是每天的日期我们却不知道是否准确，所以我们必须要去岸上问问别人。不过我们上岸后问今天是星期几时，别人说是星期四，但按照我们的日记，应该是星期三才对，我们怎么可能整整错了一整天呢？"

"经过了解我们才清楚，原来我们计算日期的方法并没有错，只是我们一直朝着西边。追着太阳运动，所以我们又回到了开始的地方，与当地人相比，我们就少过了24小时。"

那么，我们现在的航海家们是如何处理这一问题的呢？为了记录准确的日期，当他们向西航行、经过日界线时，就加一天，反方向的话，就减一天，或者重复算一天。比如，在某个月的1日，如果航海家们向东航行、跨过了日界线，那么，依然记成是某月的1日。

根据这一推断，我们可以说，在儒勒·凡尔纳的小说《八十天环游世界记》中的有些描述是错误的。书中提到旅行的人在环游世界返回故乡时是星期日，但其实应该是星期六。不过，在天文学中关于日界线的问题没有确定的情况下，确实很容易发生这样的错误。

另外，在爱伦·坡提到的"一星期有三个星期天"这一说法在如今看来也是有科学依据的。比如，一个人向西周游世界，走了一圈后回来了，恰好遇到了向东周游世界返程的朋友，他们其中一人说昨天是星期天，而另外一个说明天是星期天，而当地未出门的朋友则说今天就是星期天，那么，这就造成了我们说的"三个星期天同时存在"的状况。

要避免出现混淆日期的情况，我们可以在向东走的时候，将同一天计算两次，让太阳追上你；向西走的时候，就跳过一天，追上太阳。虽然这是个看起来很简单的方法，但是依然有很多人弄错。

🛸 2月有几个星期五

我们都知道，因为有闰年和平年之分，所以2月的日期会有所不同，那么，你可能想过一个问题：2月最多有几个星期五？最少又有几个呢？

可能不少人认为，闰年2月有29天，因此，最多应该有5个，最少也有4个，但是如果我告诉你答案应该是这个数据的两倍之多，你一定大吃一惊。

我们先来看下面这一案例：

一艘轮船在每个星期五都要从亚洲海岸出发，航行于阿拉斯加和西伯利亚的东海岸之间。某个闰年的2月1日正好是星期五，在整个2月，对于这艘船上的人来说，他们会遇到10个星期五。因为，在星期五这天，当轮船向东过日界线时，这个星期就有两个星期五。但如果这艘船每个星期四从阿拉斯加驶向西伯利亚海岸，在计算的时候，就得跳过星期五这一天。这样的话，对于轮船上的人来说，整个2月都不会碰到星期五。

　　所以，对于这道题目，正确的答案应该是：最多有10个星期五，最少是0个。

第 2 章

月球及其运动

🛸 如何区分残月与新月

每当我们仰望夜空的时候，弯弯的月牙似乎总是挂在那里，它可能是新月，也可能是残月。对此，我们该如何区分呢？

其实，最简单的办法就是，看它凸出的一边朝哪个方向？基本情况是这样，在北半球，新月总是凸向右边，而残月则凸向左边。这是我们智慧的先辈们发明的方法，能帮我们快速地识别新月和残月。

在俄语中，新月的单词之意是"生长"，残月的单词之意是"衰老"，它们的首字母分别是 P 和 C，仔细观察的话就会发现，两个字母的凸出方向跟新月和残月是一样的，如图18所示。

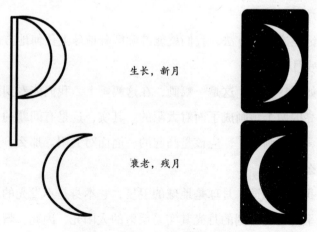

生长，新月

衰老，残月

图18 新月和残月的区分方法

在法国，人们用拉丁字母d和p区分新月和残月，d和p就像用一条直线把弯月的两头连起来了，dernier 意思是"最后的"，从词义可以联想到残月；premier 意思是"最初的"，象征着新月。在其他的一些语言中，比如德文，也有类似的例子。

如果是在澳洲或非洲南部，用这个方法就不行了。那里的人们看到的新月和残月的凸出方向，跟北半球是相反的。

另外，在赤道及其附近的纬度带上，如克里米亚和外高加索，也不能用前面的方法，那里的弯月几乎横着，就像漂在大海上的一艘小船，也像一道拱门。

阿拉伯的传说中将其称为"月亮的梭子"。在古罗马，人们把弯月称为luna fallax，翻译过来就是"幻境中的月亮"。

如果想在这些地方判断新月和残月，可以用这样的方法：在黄昏时的西面天空出现的是新月，在清晨时东面天空出现的是残月。

记住这两个方法，我们就能准确区分地球上任何地方的新月和残月了。

如图19所示，这是一幅画，在这幅画上，我们能看到画家将月亮的两个角画成了面对太阳的。其实，这是有问题的，可以说，画家画反了，应该是凸起的一面面对太阳。那么，这是为什么呢？

我们都知道，月球是地球的卫星，它本身是不发光的，我们在平时夜晚看到的月光其实是反射的太阳光，因此，弯月的凸面应该朝向太阳，而不是两个角朝向太阳。

图19 与月亮有关的画作

　　除此之外，我们还需要注意的是月亮的内外弧，弯月的内弧是呈半椭圆形的，这是因为内弧是月球受阳光照射部分的边缘阴影，外弧则是半圆形，如图20所示。

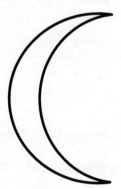

图20 弯月的正确画法

不少画家在这一问题上并没有注意，所以，才出现了我们在本节开头时说的画错的现象，如图21所示。

图21　弯月的错误画法

如果你经常观察，你会发现，高悬着的月亮似乎总是不"端正"的，所以，从天文学的角度将月亮正确地画出来，其实并不简单。我们知道，月亮光来自太阳的照射，所以，太阳的中心点应该位于弯月两角连接线中点的等垂线上，如图22所示。

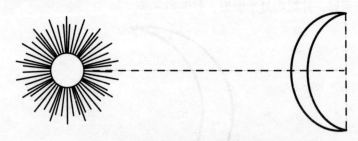

图22　弯月和太阳在天空中的相对位置

在月球上，这条直线应该呈弧形，但是与弧线两端相比，中间部分距离地平线要远得多。因此，这些光线看起来也就是曲线了，在图23中就标出了太阳光线和月亮的相对位置：

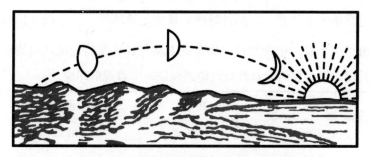

图23　太阳和不同位相的月亮的相对位置

从图23中我们看出，只有蛾眉月与太阳才是正对的，当月亮处于其他相位时，太阳光线照射到地球上似乎是弯曲的，所以，月亮被投影后，自然就不会以"端正"的姿态呈现了。

可见，即便是画家，在作画时，也要了解一些天文学知识。

月球和地球的"亲密关系"

我们都知道，月球是地球的卫星，它们的关系其实很亲密。有人称它们像一对双胞胎，因为无论是从大小、质量，还是运行轨道上，它们都很相近。

可以说，除了地球与月球的关系外，其他任何行星和卫星都没有达到这一特点。

我们先来说说海王星的卫星特里同，它算是海王星最大的卫星，直径是海王星的$\frac{1}{10}$，但是，月球的直径是地球的$\frac{1}{4}$。我们再来看看质量，木星的第三颗卫星质量是最大的，大概是木星质量的千分之一，而月球的质量则是地球的$\frac{1}{81}$。下面我们列出了一个表，记录的是一些常见卫星与其从属的行星之间的质量比，借此我们能对此处讨论的问题有个直观的印象。

行星	卫星	卫星与行星的质量比
地球	月球	0.0123
木星	甘尼米德	0.0008
土星	泰坦	0.00021
天王星	泰坦尼亚	0.00003
海王星	特里同	0.00129

再说距离，地球与月球之间的距离是380000千米，也许你会认为，这个距离也很远，但如果你要将其与木星与其第九颗卫星之间的距离对比就明白，这个距离有多近了。因为地球与月球之间的距离只是后者的$\frac{1}{65}$。图24能更直观地展现出来。

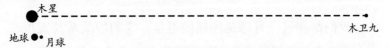

图24　月球与地球距离木星卫星与木星距离的比较

注　图中星球本身没有按照实际比例表示。

我们都知道，月球时刻都在围绕地球旋转，与此同时，地球的自转和公转也在进行。月球围绕地球旋转时的公转轨道长2500000千米，在它旋转一周时会被地球带行70000000千米，大概相当于月球一年路程的$\frac{1}{13}$。如果我们将这一轨道拉伸30倍，这一轨道就不再是圆形了。

所以，如果将那些凸出的部分忽略的话，月球绕太阳的运行轨道几乎与它绕地球的轨道重合。

我们来看图25：

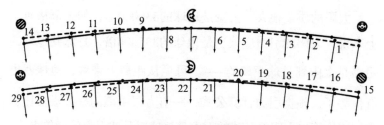

图25 1个月内地球和月球的运行轨迹

在图25中，标出了1个月中地球和月球的运行轨迹，图中虚线表示地球的轨迹，而实线则表示月球的轨迹。如果我们不选择很大的比例尺，我们是很难区分这两条距离非常近的曲线的。

这里，假设地球轨道的直径是10米，那么，上面说的这两条线的距离几乎就可以忽略了。

另外，由于观察者自身也在参与地球自身的自转，所以无法看出两条轨道之间是否存在很大差别，但是如果我们选择太阳为观测点的话，就会发现，月球的运转轨道是一条呈小波浪、跟地球轨道几乎完全重合的曲线。

月球为什么没被太阳吸引到身边

我们都知道，太阳有很大的引力，那为什么太阳没有将月球吸引到身边呢？

在回答这一问题之前，我们先来看看太阳的引力有多大：

要计算它们的大小，我们想要将两个因素考虑在内，第一个是地球与太阳的质量，第二个它们与月球的距离。

太阳的质量很大，大概是地球的330000倍，如果单从质量上来说，太阳的引力应该也是地球的330000倍，月球到地球的距离是太阳到月球距离的 $\dfrac{1}{400}$。可见从距离上来看，地球就更有优势了，根据引力计算公式——引力跟距离的平方成反比，我们能推算出太阳对月球的引力是地球对月球引力的两倍多。

现在，我们再来谈谈本节开头的问题：为什么太阳没有将月球吸引到身边呢？事实上，这还与我们在开始提到的地球与月球之间的亲密关系有关。其实，太阳不仅对月球有引力，对地球同样有，太阳并没有影响月球和地球之间的关系，在这样的原因下，地球与月球之间才按照现在的样子运行。

太阳的引力并不只是作用于它们其中的一个。而是作用于二者之间连接的直线上，也就是它们组成系统的重心上，那么，这个重心在哪儿呢？

实际上，这个点在地球半径长度以外的地方，而且，地球和月球围绕这个中心每旋转一周的时间正好是一个月，而这就是为什么月球没有被太阳吸引到身边的原因，同样，我们的地球也是如此。

月亮长什么样子

生活中，我们观察月亮，用肉眼看到的都是一个平面的圆盘。其实，如果我们用立体镜观察的话，就会发现月亮并不是平面的，而是一个球形。这是因为立体镜的设计原理就是根据人的双眼视差来做成的，我们能用它来看立体的图像。

但因为月亮总是有一部分被遮住，因此，要想拍下月亮的全貌并不是一件容易的事，要想知道月亮是什么样子，需要拍摄者了解月球的不规则运动以及运用良好的拍摄方法。

实际上，很多拍摄者都遇到了不同程度的困难，实体照片都是需要成对出现的，并且，很多情况下，在拍了一张照片后，另外一张需要几年后才能拍出来。

我们肉眼无法看到月球的立体图，要想拍摄完整的月亮，我们需要最少从两个不同的地方取景，而且，这两个地方是有要求的——最小距离不能小于它们到月球的距离。

我们经过推算，发现这个距离大概是380000千米。在拍这样的两张照片时，其中一张应该是月面中心的一点，另一张应该偏离月球经度1°，也就是两点之间距离最少要有6400千米，这也是地球半径的$\frac{1}{2}$。

我们能看到月球的全貌，还要归功于我们月球围绕地球运行的椭圆形轨道中，月球自身在自转，且围绕地球旋转，二者旋转一周所需要的时间是相等的，正因为这一点，我们才能看到月球的全貌。

我们假设月球绕地球运转的轨道是圆形，而非椭圆形，那么，我们就看不到月亮的立体图片，如图26所示。

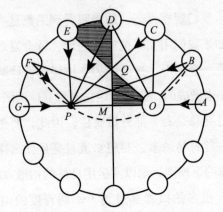

图26　月球绕地球运转的轨道

图中标出了月球绕地球运转的椭圆形轨道，为了看得更清楚，图中的轨道画得扁了一些。图中的点O是地球的位置，它位于椭圆的一个焦点上。根据开普勒第二定律，月球从点A到点E大概花了一个月的$\frac{1}{4}$的时间。由于MOQ和DEQ的面积差不多相等，所以有：$MOQ + OABCD = DEQ + OABCD$，即$MABCD = OABCDE$。

这就是说，$OABCDE$和$MABCD$的面积相等，都是椭圆的$\frac{1}{4}$。这也表明，在$\frac{1}{4}$个月中，月球的运行路线是点A到点E。月球自转是匀速的，在$\frac{1}{4}$个月中它旋转了90°。在月球达到点E时，它从点A绕地球旋转扫过的角大于90°，使得月球的脸越过了点M，朝向了点M的左边，在月球轨道的另一个焦点P附近某处。这时，对于地球上的我们来说，可以从右边看到月球侧面的边缘。当月球运动到点F时，$\angle OFP < \angle OEP$，此时的边缘更窄。点G是月球轨道的"远地点"，月球到达这个点时，跟地球的相对位置与它在"近地点"点A时是相同的。当月球沿着轨道继续运动，拐弯走向反方向时，我们会看到跟前面那个侧脸边缘相对的另一边，这条边先是逐渐变大，后又慢慢变小，最后在点A处消失。

正因如此，我们在地球上看到月球正面边缘的细微变化，犹如围绕一架天平的中心点左右摆动。所以，天文学上又把这种摆动称为"天平动"，天平动的角度接近8°，确切地说是7°53′。

月球在轨道上移动时，天平动的角度会发生变化。在图26中，我们以点D为圆心，用圆规画出一条通过焦点O和P的弧，这条弧线和轨道的焦点为点B和点F。$\angle OBP$等于$\angle OFP$，也等于$\angle ODP$的一半。于是，天平动在点B到达最大值的$\frac{1}{2}$，然后又逐渐变大。到了点D和点F之间时，又逐渐变小。一开始，变小的速度很慢，后来会逐渐加快。到了轨道的下半段，天平动的大小变化与上半段相同，只是方向相反，这就是月球的"经天平动"。

有时，我们会从南面看到月亮的侧脸，偶尔又会从北面看到，这是因为月球赤道平面与月球的轨道平面成6.5°的夹角，这就是"纬天平动"。纬天平动最大可以达到6.5°。也就是说，我们能看到整个月亮的59%，只有41%是完全看不到的。

利用天平动，摄影家可以拍摄出月亮的立体图。我们前面说过，这需要拍摄两张照片，其中一张应该是月面中心的一点，另一张应该偏离月球经度1°，只有这样，才能得出立体的图片。比如，在点A和点B，点B和点C，或是点C和点D等。虽然在地球上我们可以找出很多位置拍摄出月球的立体图片，但因为这些位置跟月球的位相差距是1.5～2个昼夜，所以有些照片拍出来会亮得发白。这是因为，拍摄第一张照片时还处于阴影中的一小部分，在拍摄第二张时已经走出了阴影。所以，想拍出完美的月亮立体图片，必须等到月亮再出现在相同的相位，并保证前后两次拍摄时月面的纬天平动完全一致才行。

🛸 第二个月球存在吗

在著名科幻作家凡尔纳的《环游月球记》中，提到了一个新概念——第二个月球，也就是地球的第二个卫星，这是一个看起来非常小的星球，我们站在地球上根本察觉不到它的存在。

其实，除了凡尔纳以外，曾经有很多人提出这样的想法，并发表在了报纸和新闻媒体上。

那么，第二个月球是否真的存在呢？

对于这一问题，答案众说纷纭，在凡尔纳的说法中，法国天文学家蒲其认为确实存在第二个月球，而且还曾对这一星球进行过一些数值的估计，包括它与地球的距离是8140千米，围绕地球运行一周的时间是3小时20分钟。但是在英国杂志《知识》中，则完全否定了凡尔纳的这一猜测，也不存在什么法国天文学家蒲其。

其实，蒲其是历史上确实存在过的一个人，并不是凡尔纳凭空造出来的，他也确实提出和研究过第二月球的问题，且数值与凡尔纳提出的相吻合。但是在当时，他的想法被全盘否定了，后来人们也逐渐将这件事遗忘了，当然也包括蒲其这个人。

现在，我们不妨大胆地做出一个假设——第二卫星真的存在，并且距离地球很近，它在运行时就会被地球的阴影覆盖。不过，在每天黎明和黄昏的时候，或者它每次经过月球和太阳的时候，我们应该能看到它。而且，如果它的速度很快，我们应该经常能看见它，但事实上，我们并没有看到，并且，探索日全食的天文学家也尚未发现，所以，我们可以说，这一假设不成立，第二卫星也不存在。

除了我们说的第二卫星外，一些人认为还存在围绕月球的其他小卫星，不过，遗憾的是，与第二卫星相同，迄今为止，人们也尚未发现这些小卫星的存在。

为此，天文学家穆尔顿的一段话能佐证这一观点：

"满月时，月亮的反射光和太阳光让我们根本无法看到是否存在有其他的小卫星；月食时，传说中的小卫星才有可能被太阳点亮，我们才能看到它们，但是遗憾的是，我们从未发现。"

尽管这一假设不成立，但是质疑的科学精神是值得我们提倡的。

为什么月球上没有大气层

我们都知道，我们居住的地球有一层大气层，而正是因为大气层的存在，我们才有了赖以生存的基础。那么，月球为什么没有呢？

要了解这一问题，我们要先分析大气存在的条件。

空气是由分子组成的，而分子是呈无规则运动的状态。在0℃时，它的运动速度大概是0.5千米/秒，子弹离开枪膛时的速度也差不多如此，但在地球引力的同时作用下，分子被束缚在了地面上，因为分子几乎所有的运动都在抵抗地球的引力。

速度v和重力加速度g之间有下列关系：

$$v^2=2gh$$

在这一公式中，h为高度，如果在地球的表面有一群分子以0.5千米/秒的速度竖直向上运动，那么，从上面的公式继续进行推算，我们就能得出：

$$500^2=2 \times 10 \times h$$

而$h=\dfrac{250000}{20}=12.5$千米

从这一推算结果来看，我们发现，分子也只能飞行到12.5千米的高度，也许你会对这一结果感到诧异：这个高度以上的分子是从何而来的呢？

其实，即便在500千米以上的高空，分子也存在，只不过比较少，这些氧气分子是怎样飞行到500千米的高空的呢？

实际上，我们一直分析的都是分子的平均数，实际上，分子的运动并不是匀速的，一些速度很快，一些则很慢，不过大部分分子的速度则是中间值。我们可以用具体的数值来说明：

如果将一定体积的氧气放到0℃的环境中，那么，分子速度在200~300米/秒的占到17%，速度是400~500米/秒和300~400米/秒的部分，各占20%，速度在这600~700米/秒的分子大概占到7%，达到1300~1400米/秒的大概只能占到1%，另外，还有非常少的分子达到3.5千米/秒的速度，它们所占的比例为$\dfrac{1}{1000000}$，根据前面的公式，我们可以算出：

$3500^2=20h$，所以$h=\dfrac{12250000}{20}$米，也就是600千米，也就是说，在这些分子中，那些速度最快的最高能达到600千米的高度。

虽然这部分分子的速度很快，但也无法摆脱地球引力的束缚，其实不管是这类小分子，还是氧气、二氧化碳、氮气，乃至最轻的氢气，要想摆脱地球引力，都必须要达到11千米/秒的速度，而这也是地球能吸引大气的原因。

前面，我们分析了地球为什么能吸引大气，那么，月球为什么不能呢?

这是因为月球质量只是地球的$\dfrac{1}{6}$，所以要摆脱月球，气体只需要消耗在地球力气的$\dfrac{1}{6}$，通过计算我们得出，此时分子的速度只要在2.3千米/秒，就能飞到大气中，其实，在常温下，大气中的氧气和氮气分子完全能大于这一数值。根据气体分子速度的分配定律，在速度极快的分子飞散后，速度慢的分子此时也能获得临界速度，从而挣脱月球的束缚，所以，直白地说，月球周围的大气分子根本待不住。在一颗行星上，如果大气分子的平均速度达到临界速度的 $\frac{1}{3}$，那么，只需要几个星期的时间，大气分子就能完全分散掉，只有当空气分子的速度在临界速度的 $\frac{1}{5}$ 以下时，它才能停留在行星的表面。根据这一点，我们可以得出，在一些小行星或者行星的大多数卫星上，由于引力不足的原因，大气很难存在。

一些天文学家曾提出设想——改造月球，使之能成为适合人类聚居的星球，但是，我们要知道，月球现在的各种形态，都是在漫长的岁月里逐渐形成的，很难改变。

月球究竟有多大

日常生活中，我们在形容一个物体的大小时，通常会用一些具体的数值来表明。对于月球来说，科学家们测出了其直径是3500千米，面积是地球的 $\frac{1}{14}$，但是即便我们得到了这些数据，对于月球的直观的感受我们还是无法获得，最有效的方法就是将其与我们所熟悉的事物进行对比。对于我们来说，最熟悉的莫过于地球了。

月球的表面也有一片大陆，我们就用地球上的大陆与其比较，如图27所示。

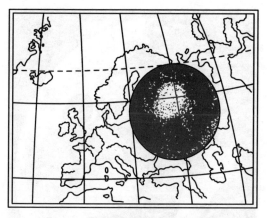

图27　月球与欧洲大陆的比较图

从图27中可以看出，从面积来看，月球比地球上的南北美洲稍小一点，而月球始终朝着我们的这一面，与南美洲面积差不多。

不过，我们发现，月球上的环形山的面积却很大，地球上任何一座山都无法跟它比，比如，格里马尔提环形山，它所环抱的月面面积比贝加尔湖还要大，比瑞士和比利时这些小国家的国土面积还大。

在海洋面积的对比上，我们发现，地球上的海洋比月球上的"海"要气派得多，不过，月球上的海只是我们虚构的，只是为了方便比较，如图28所示。

这是根据比例尺在月面上画出的"黑海"和"里海"，在地球上，黑海和里海的面积不算大，但是如果将其放到月球上，就非常大了。月球上澄海的面积大概是17000平方千米，但这样一个很大的海，却只是里海的 $\frac{2}{5}$ 。

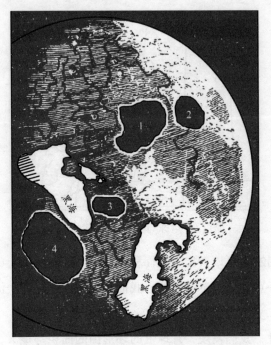

图28　地球上的海与月球上的海的比较图

注　1为方海，2为湿海，3为汽海，4为澄海。

以上这几个简单的对比，相信我们能对月球的大小有个比较直观的认识了。

🛸 神奇的月球风景

图29中展示的是月球的环形山，其实，只要给我们一架直径3厘米的小型望远镜，就能将月面上的环形山和环形山口等尽

收眼底。

图29 月面上的环形山

但是，要知道，身临其境地观察和从远处观察一件物体，差别是非常大的。以月球上的埃拉托色尼环形山来说，我们在地球上看它，它只是一座高山，也只能看到其表面，如果只看侧影，如图30所示。

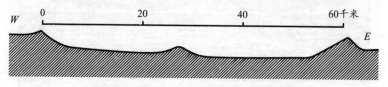

图30 月球上的巨型环形山的剖面图

它的直径大概是60千米，环形山的山口直径与拉都加湖到芬兰湾的距离差不多，这么长的山坡应该是很平缓的，因此，即便这座山很高，但也并不陡峭。

如果我们行走于这一环形山口，我们可能都会产生不在山里的错觉，还有一个原因也会让高山不那么险峻，这是因为山体低的地方被月面的凸度掩盖了，月球的直径是地球的 $\frac{3}{4}$，在月球上，"地平线"的范围也要小得多，大概是地球的一半。

用公式来表示也就是：$D=\sqrt{2RH}$

在这一公式中，D 为地平线的距离，h 为眼睛高度，R 为地球的半径，对于一个普通人来说，我们在地球上能看到的最远距离是5千米，如果将这一数值代入上面的公式，我们就可以得出，我们能看到的最远距离是2.5千米。

如图31所示，这是观察者站在一个环形山口所看到的湖面，我们发现，这里有广阔无垠的平原，还有连绵起伏的山峦铺展在地平线上，这与我们所想象的环形山口不同，但你可能想不到，这与我们在之前图中见到的缓坡其实是同一座山。

图31　站在月面上的环形山口看到的画面

在月面上，很多小型环形山口是月球风光的重要组成部分，与环形山不同，这些小型的环形山并不高，与地球上的山一样，人们也给月球上的这些环形山起了很多名字，如亚平宁、阿尔卑斯、高加索等。

这些山脉的高度大多在七八千米左右，它们虽然与地球上的山脉差不多大，但月球本身的体积很小，因此它们在月球上看起来就非常高大了。

在月球上，有一座山叫派克峰，下面是观察者用望远镜看到的派克峰，如图32所示。

图32　在望远镜里观测到的派克峰

它看起来像一个十分险峻的山，但其实，它真实的样子是这样的（图33）。

很明显，派克峰并不是什么险峻的山峰，而只是一个小土丘而已，只是因为月球上没有空气，阴影要比地球上清楚得多。

图33　站在月球上看派克峰

我们再来看看图34。

图34　半颗豆子在光线投射下的影子

如图34所示，桌子上有半颗豆子，且凹面朝下，我们能看到，其阴影的面积是其身长的5~6倍。同样的道理，当日光照射到月球上，月球上的物体会产生阴影，而阴影的高度可能是实物的20倍，因此，月球上哪怕一个小土丘，其阴影也可能是险峻的高山。

有时候，也可能会出现相反的情况，让我们忽视一些重要的地形。通过望远镜，我们看到的可能是一些狭窄得可以忽略的"缝隙"，实际上，它可能是一条延伸到地平线外的深不见底的岩壑。

在月球上，有一种断岩被称为"直壁"，如图35、图36所示。

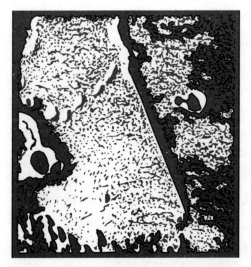

图35 望远镜中看到的月面上的"直壁"

图36 站在月面上的"直壁"脚下看

"直壁"矗立在月面上，延伸到"地平线"外，长达100千米，高达300米，十分壮观。如果我们只是在地球上观察，是不可能将这两幅图联系到一起的。

🛸 月球上的奇异天空

抬头看看天空大概是我们生活中经常的行为，但是你可能想过，我们在地球上看天空，与在月球上看天空，差别会很大。如果我们可以在月球表面行走，那么，首先吸引你注意的是一定是它奇异的天空。

1.漫天黑幕

在法国文学家弗拉马利翁的作品中，他曾这样描述过：

"在蔚蓝明净的天空下，晨曦是艳红的，晚霞是壮丽的，沙漠、田野和草原的景色让人沉醉，湖水犹如镜面一样倒映出蔚蓝的天空，而这一美景，都归功于那一层轻薄的大气。如果没有它，这些美好的画面将不复存在。天空不再蔚蓝，取而代之的是无边的黑暗，日出和日落时的美景也将消失，再也没有昼夜更替，白天会炙热无比，而日光照射不到的地方将是一片黑暗。"

其实，这段文字正是为我们解释了天空为什么是蔚蓝的——是因为大气层的存在。而与之相对，后面的那些文字，描述的就是没有大气层的月球的天空。

月球上没有大气层，因此，月球的天空是黑暗的，只有不耀眼且不闪烁的繁星，而且，月球上的白天也会炙热无比。

　　曾经就有探险家搭乘俄国的平流层飞艇到达21千米的高空，他看到的就是黑色的天空，实际上，对于地球来说，如果大气层稍薄一点，我们的天空也不会如此蔚蓝。

　　2.地球悬在我们的头顶

　　当我们站在月球上，我们可以发现，地球犹如一个巨大的球悬在我们头顶，那么，我们从月球上看地球是怎样的呢？对此，在浦尔科夫天文台，曾有一位叫季霍夫的天文学家给出了自己的专业回答：

　　"从其他星球看地球，根本看不到任何具体的细节，看到的只是一个发光的圆盘，这是因为，当日光照射到地球时，还未达到地面就被大气层以及一些其他的杂质漫射到了天空，并且，地面本身对光线也有漫射作用，再经过大气的漫射后，就更微弱了。"

　　可见，如果我们站在月球上看地球，那么，看到的将是被云朵半遮掩的地面。由于大气层漫射了日光，地球看起来很明亮，以至于无法看清其真实的面貌。

　　以前有人表示，在月球上看地球，应该像我们观摩地球仪那样，能清晰地看清地球表面的轮廓，但其实，这是不可能的。

　　另外，从月球的角度看地球，我们会认为地球很大，直径是我们从地球角度看月球的4倍，面积是月球的14倍，地球表面的反射能力也远超于月球，是其6倍之多。因此，从月球上看地球的光度是满月光辉的，直白地说，这就好比90个月亮一起照向大地。并且，在没有大气层的阻挡下，加上地球有如此强烈的照亮作用，因此，即便是夜晚，月球上也是非常明亮的。其实，正是因为有了地球反射光的照射，我们才能看400000千米之外的新月的凹面，亮如白昼的，即便是那些照射不到日光的地方依然能看到微光。

前面我们也已经提及，月球始终只有一半朝向地球，这就导致我们在月球上看地球时呈现出另外一个特征：地球总是悬在月球上空的某个位置，它并不移动，不过在它后面有无数行星星旋转。月球公转一周所需要约27.3个地球昼夜。在地球上，无论我们在什么地方，都能看到月亮，但在月球上却不是如此，在月球上，你在某地看到地球悬在头顶，那么，这个地方的地球就一直是悬在头顶，而如果你所处的是另外一个地方，你看的地球在地平线上，那么，它就永远在地平线上。

有时候在月球上看地球，地球也是有运动的，不过是一种摆动，比如，在月球"地平线"上的地方，它好像马上沉下去，但是又马上升起来。于是，我们能画出一条这样奇怪的曲线，如图37所示。

图37　在月球"地平线"处的地球

其实，这是由于月球的天平动引起的，因为在月球的天空中，地球并非固定的，而是在一个平均位置摆动，南北摆动的角度大概是14°，东西摆动的角度大概是16°，不过，只有在"地平线"上才有这一现象，在其他地方则没有。

　　因此，在月球上，地球上相当于一座不变的时钟，而且很准时。

　　我们经常形容月亮"月有阴晴圆缺"，这一说法是建立在地球上看到的月球变化的，实际上，反过来，地球相对于月球的位置也有变化，因此，在月球上看地球，也能看到这种情景。

　　在月球上看地球，也能看到圆盘或者新月状，看到的面积大小由太阳光照射的部分有多少面对月球来决定。另外，在月球上看到地球的形状与地球上看到的月球的形状正好相反，假如你在地球上看不到月亮时，也即朔月，那么，你在月球上看到的就应该是一整个地球，也即"满地"，反过来，如果我们在地球上看到的是满月，那么，在月球上就会看到"朔地"，这是一个带着明亮光圈的黑色圆球。

　　月球朔地示意图如图38所示。

图38　月球朔地示意图

前面我们已提及地球上的大气层会漫射太阳光，因此，我们根本看不到朔月，此时，月球通常位于太阳上下，而且，这时的月球会有一条被太阳照得非常亮的银线。

不过，太阳光很亮，因此，窄边根本看不到，而只有到了春天的时候，我们才有可能在朔月之后的两天看到，其实，此时的月亮已经离太阳很远了。不过，在月球上看地球则完全不同，因为月球上没有大气，太阳周围并没有光芒，恒星和行星也不会消失，因此，地球肯定会出现，当然，日食的时候需要排除在外，如图39所示：

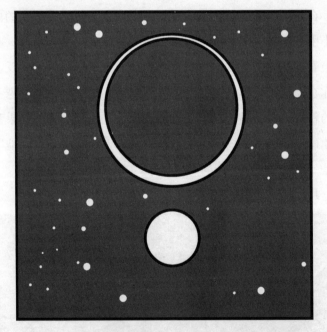

图39　不遇到日食，地球一定会在黑色的天空出现

如果在月球上看地球，"朔地"的两角是背向太阳的，而

且会跟着地球向太阳的左边运动。但我们的眼睛与月球以及太阳的中心并不是在一条直线上，因此，如果我们用望远镜在地球上看月球，就能发现：满月时，月亮也并非一个正圆形，而是缺了一条很细窄的边。

3.月球天空中的食像

我们都知道，在地球上，我们经常能看到日食或者月食，那么，在月球上看地球，是否也能看到呢?

答案是肯定的，当地球上看到"月食"，其实在地球处于太阳和月球的连接线上的一种现象，而此时，月球上其实能看到日食——一个黑色的圆形地球面，且带着一条紫红色的边，如图40所示。

图40 月球上的日食

其实，此时在地球上看月球，也能看到月亮黑色边缘上有一条樱红色的光，这是由地球上的大气层的紫红色光进行照射形成的。

因此，当地球上能看到月食时，月球上就能看到日食，且出现和持续的时间都相同，长达4个小时，但是当地球上出现日食时，月球出现的则是"地食"，且只会持续几分钟。当月球上发生"地食"时，在月球上只能看到一个小黑点在地球圆面中不停地移动，小黑点经过的地方就是地球上能看到日食的地方。

在我们的太阳系中，其实能看到食像的地方只有地球和月球，其他地方没有可以满足的全部条件，也就是当太阳被月球遮挡时，月球到地面的距离跟太阳到地球的距离之比约等于月球的直径跟太阳的直径比。

天文学家为什么喜欢研究月食

月食是一种特殊的天文现象，指当月球运行至地球的阴影部分时，在月球和地球之间的地区会因为太阳光被地球所遮蔽，就看到月球缺了一块。此时的太阳、地球、月球恰好（或几乎）在同一条直线上。月食可以分为月偏食、月全食和半影月食三种。月食只可能发生在农历每月的十五前后。

其实，在很久以前，人们就通过研究月食而发现地球是圆的。在一些古天文学书籍中，有很多关于月面上的阴影和地球形状关系的记载，我们来看图41：

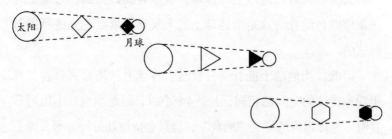

图41　地球形状决定月面上的阴影

正是建立在这一点上，航海家麦哲伦才开始了他的环球航行，当时，和麦哲伦一起出发的人说："教会总是告诉我们，我们生活的地球是一个被水包围的大平面。但是麦哲伦却不这么认为，他坚持自己的看法，在他看来，地球上出现了月食，说明地球的影子应该是圆的，那么，物体本身也应该是圆的……"

我们的天文学家一直热衷于观察和研究日食，虽然月食出现的次数是日食出现的 $\frac{2}{3}$，但观赏的人却很少，因此，只要看到月亮的半球，我们就能看到月食。并且，世界各地无论哪个地方，都能看到月面的变化情况，只不过，处于不同地区，看到月食的时间可能会不同。

月食时，太阳光会偏折到锥形的阴影内，因此，我们仍然能看见月亮。不过，天文学家感兴趣的是月食时月球的亮度以及颜色。在研究中，科学家们发现，此时月球的亮度以及颜色会受到太阳黑子数量的影响，而且能测量出未被太阳光照射到的月面的冷却速度。

相信在未来，通过研究和学习，我们能发现更多关于月食的秘密。

天文学家为什么喜欢研究日食

日食，又作日蚀，在月球运行至太阳与地球之间时发生。

这时对地球上的部分地区来说，月球位于太阳前方，因此来自太阳的部分或全部光线被挡住，因此看起来好像是太阳的一部分或全部消失了。日食只在朔日，即月球与太阳呈现重合的状态时发生。日食分为日偏食、日全食、日环食。

一直以来，天文学家对日食的兴趣从未消减过，为了观看一次，天文学家们经常不畏艰难、长途跋涉。比如，1936年6月19日，俄国境内有一次日全食，当时全世界有10个国家的70位科学家来到俄国，为的就是观看仅持续两分钟的日全食现象，其中有4个小队正好碰上了阴天，并没有看到，而抱憾而归。那次的日全食，俄国也是投入了大量的人力和物力，组织了30个远征队进行观测。

"二战"期间，条件恶劣，但俄国依然组织远征队观测。1941年，在拉多家湖到阿拉木图一带会看到日食。俄国的天文学家分布在全食带的整个沿线进行观测。1947年7月20日，巴西出现一次日食，俄国的远征队再次出发。

天文学家们如此热衷于观看日食，足以看出日食发生的概率有多低。

日食发生的时候，投影到地球上的范围就是可以看到日食的"日全食地带"，它只有不到200千米的距离，就同一个地方而言，发生两次日食的时间间隔最少是两三百年，另外，日食的时间很短，每次都是匆匆出现就不见了。

当月球把太阳遮挡住时，拖在它后面的锥形长影正好到达地面，此时，月球到地球的距离跟太阳到地球的距离之比是月球的直径与太阳的直径之比。因此，在月影锥尖划过的地方就能看见日食，如图42所示。

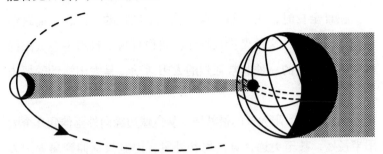

图42　在月影的锥尖划过的地方可以看到日食

如果从月影的平均长度看，其实我们根本不可能看到日全食，这是因为，月影的平均长度比月球到地球的平均距离小一些。

不过，值得庆幸的是，月球绕地球旋转的轨道平面是一个椭圆形，它离地球最近的时候是356900千米，最远的时候是399100千米，二者之差是42200千米。正因为月影长度比月球到地球的距离还大，我们才有幸能观看到日全食。

一直以来，天文学家们都很热衷于观看日全食，这是因为日全食能为他们提供很多研究的机会和资料。

比如：

1.观察"反变层"的光谱

通常来说，太阳光谱是一条带有许多暗线的明亮谱带，而日食时，太阳会完全被月亮遮住，那么，这条谱带就会变成带有许多明显的暗谱带，这时吸收光谱变成了发射光谱，这是一条珍贵的判断太阳表层性质的线索。因此，每次日食，都是天文学家们不愿意错过的好机会。

2.研究日冕

在日全食时，太阳的周围镶着一个红色的环圈，上面跳动着鲜红的火舌，这种火舌状物体就叫作日珥，日珥是在太阳的色球层上产生的一种非常强烈的太阳活动，是太阳活动的标志之一。

日冕，是太阳大气的最外层，从色球边缘向外延伸到几个太阳半径处，甚至更远，分内冕和外冕，内冕只延伸到离太阳表面约1.3倍太阳半径处；外冕则可达到几个太阳半径，甚至更远。

只有在日全食的时候，才能看到日冕。

此时，在日珥周围的黑色月面上，日冕会表现为五角星状，中心是黑暗的月面。日冕的大小是根据太阳活动的大小变化的，在太阳活动的极大年，日冕是圆形，而极小年的话，就是椭圆形了，如图43所示。

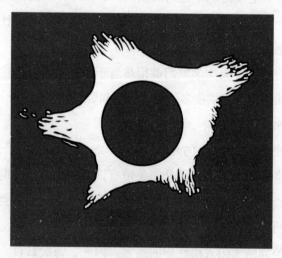

图43　日全食时，黑色月面周围的日冕

日食时，我们能看到形状各异、大小不同的珠光，大的时候比太阳的直径还要长很多倍。

1936年的一次日食，人们看到了比满月还要亮的日冕，珠光的长度是太阳直径的3倍，有时甚至更长，这是难得一见的奇观。

迄今为止，对于日冕的性质，科学家们依旧没有给出定论，因此，他们唯有拍下日冕的照片，以此作为分析研究的资料。

3.验证一般相对论在推论天体位置时的正确性

按照一般相对论，星光在经过太阳时会因为受到太阳的强大引力而偏离原来的位置，其他星星也应发生位移，如图44所示。

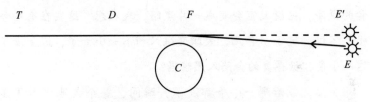

图44　相对论的推论之一

目前，我们唯有在日全食中才能验证这一问题。不过，迄今为止，这一推论依然没有得到证实。

另外，从艺术角度考虑来说，日全食也有欣赏价值，俄国作家科罗连科写过一本描写日全食的书，记录的是1887年8月，作者在伏尔加河岸的尤里耶维茨城看到的日全食。

下面我们摘抄其中的一段：

太阳没入了一块巨大的隐隐约约的斑状云中，当它从云层中钻出来时，已经少了一块。

此时，天空中好像出现了一片烟雾，原本刺眼的光芒也开始变得柔和了，我甚至可以睁开眼睛直接看它。周围落针可闻，安静极了。就这样，慢慢地，半小时过去了，天空的颜色并未出现什么变化。慢慢地，悬于高空中的太阳被云朵遮住了，很多年轻人异常兴奋，老人开始发出低低的叹息声。

周围的天色逐渐暗淡下来，在昏黄的光照下，人们开始变得惊慌失措，河上的轮廓已经看不清了，就像已经步入黄昏，景色越来越模糊，青草也不再是绿色，远山逐渐模糊。

此时，太阳变得越来越弯了，但是我们依然只会觉得这是一个有些暗淡的日子。此时，我突然想到以前看到的关于日食的说法，据说天空会变成一片黑暗，我在想，这实在有些夸张，不过，过了一会儿，太阳变得只剩下一小条了，假如没了这一小条，世界真的会陷入黑暗吗？

突然，最后那一小条都没了，瞬间，整个大地进入了黑暗中，我目睹了从南面窜出来的一大片阴影，很快，周围的山川、河流和田野都被笼罩了，它就像一块巨大的被单。此时，与我一样站在岸边的人也都沉默了，人群最后也成了一团黑影……

但其实，这与夜晚可不一样，因为没有月光，也没有树影，天空好像撒下来一张巨大的网，还有一些细细的灰尘，乌云密布的天空里，好像有野兽在进行激烈的争斗。在一侧的天空中，我感受到了一丝微光，透出了一丝光亮，那些景色也慢慢活过来了，太阳好像被什么抓住了一样，被拽着在天空中奔跑，云好像也受到了惊吓，在天空中四处逃窜。

我们都听过人工日食，也就是望远镜中放一个不透明的圆片，将太阳遮住，这就是人工日食，一些人产生疑问，既然日食可以人工模拟，那么，为什么还要费大气力观测和研究呢？

其实，人工日食哪怕再逼真，也无法和自然界的相提并论，太阳光线在到达地面之前会先穿越大气层，然后产生漫射，在这样的条件下，我们才能看到蔚蓝的天空。而在自然界，月球比大气边界远了数千倍，这一屏障阻挡了太阳光线照向地球。因此，日食的时候，漫射现象是可以忽略不计的，不过，我们并不是说一点漫射也没有，但漫射的光线确实非常少，所以，在日全食时，我们的天空也并不全是黑的。

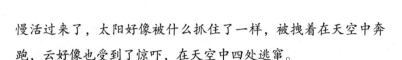

为什么每过18年会出现一次日月食

在很早的时候，古巴比伦人就发现，每隔18年零10天，就会出现一次日月食，他们将这一周期称为沙罗周期，为此，沙罗周期成为他们预测日月食的依据。但一直以来，古巴比伦人并不知道其中的科学依据。

我们都知道，月球围绕地球一周的时间，是一个月，在天文学上，关于一个月，有五种不同的说法。我们来看看其中的两种：

1.朔望月

朔望月，又称"太阴月"。月球绕地球公转相对于太阳的平均周期为月相盈亏的平均周期。以从朔到下一次朔或从望到下一次望的时间间隔为长度，平均为29.53059天。我国的先民们把月亮圆缺的一个周期称为一个"朔望月"，把完全见不到月亮的一天称为"朔日"，定为阴历的每月初一；把月亮最圆的一天称为"望日"，为阴历的每月十五（或十六）。

2.交点月

交点月又称交周月。交点月是指月球绕地球运转，连续两次通过白道和黄道的同一交点所需的时间。这段时间为27.2122200日，即27日5时5分35.9秒。这一周期对于日、月食的推测具有重要意义。

日食和月食形成的条件之一就是朔月和望月正好落在焦点上，这时月球中心、地球中心和太阳中心正好形成一条直线，也就是说，从这一次月食开始，到下次再次出现同样的月食，间隔的时间必定包含整数个朔望月和整数个交点月。

此处，我们讨论的沙罗周期原理并不是非常准确，因此，我们会省略后面的小数点，以18年零10天为准，根据它计算的第二次出现日月食的时间比时间情况差不多晚8小时。

如果重复使用3次沙罗周期来计算的话，所得到的结果跟实际情况正好差一天，月球到地球的距离和地球到太阳的距离都是变化着的，并呈一定的周期性，对于这一点，在沙罗周期中并没有体现，也就是说，利用沙罗周期，只能推算出下次发生日月食时的那一天，却无法预测会发生月偏食、月全食，还是月环食，更无法预测出在地球上的哪些地方可以看到它。另外，还有可能出现日偏食的面积很小的情况：18年前，人们根本没有看到月食，18年后，人们却在同一天看到了很小的日偏食。

现今，随着科学技术的发展，天文学现在对月球的运动已经研究得十分清晰透彻，日月食发生的准确时间都能推算出来，甚至可以精确到一秒钟的时间内，为此，沙罗周期退出了历史舞台。

地平线上同时出现太阳和月亮

如果有人告诉你太阳和月亮曾经同时出现，你肯定会感到诧异：怎么可能呢？但其实，这的确存在过。曾经有天文爱好者于1936年的7月4日看到了这一幕。

其实，这一点没什么奇怪的，月球和太阳同时出现的情况，不过是地球上大气层开的一个玩笑罢了。

地球上的大气会偏折它里面的光线，我们将其称为"大气折射"，在大气折射的作用下，天体的位置看上去比实际位置要高一些。

因此，虽然我们看到了地平线上的太阳或月亮，但实际上它们依然处于地平线以下。

法国天文学家弗拉马利翁曾说："在1666年、1668年以及1750年发生的几次日食中，这一天文现象都表现得十分明显。"实际上，1877年2月15日发生月食的时候，在巴黎，这天的太阳在下午5点29分落下，此时，月亮也升了起来，但月全食开始时，太阳仍处于地平线以上。同样的现象出现在1880年12月4日的巴黎：下午3点3分，月食开始，4点33分结束，月亮是下午4点升起的，而太阳在4点2分的时候才落下，这时的月球正好到达地球阴影的中心。

我们可能经常还会看到这样的景象：如果太阳还没下山或者升起的时候出现月全食，只要我们站在能看见地平线的地方，就能看到这一奇观。

🛸 有关月食的问题

问题1：有没有可能出现全年没有月食的情况？

答案：这是一种常见的情况，每隔五年就能出现一次全年看不到月食的情况。

问题2：月食会持续多长时间？

答案：从初食到复原时间大概是4小时，月全食最长不超过1小时50分钟。

问题3：在1年之中，最多能出现几次日月食？

答案：1年之中，发生日食和月食的总数大于或等于2，小于或等于7。比如，在2019年，一共出现了3次日食和2次月食。

问题4：月食是从左边还是右边开始？

答案：这一问题要分南北半球，在南半球，月球的左边先进入地球的阴影，也就是月食从右边开始，北半球正好相反。

🛸 有关日食的问题

问题1：有没有可能出现全年没有日食的情况？

答案：没有这种可能，一年最少会出现两次日食。

问题2：日食持续多久？

答案：在全食带的某个地点所看到的日食时间通常只有两三分钟，最多不超过7分钟。如果全食带经过赤道地区，日全食持续的时间可延长到7分40秒。就全球范围来说，日食时间的长度从初亏到复圆结束大概需要3.5小时，越是高纬度地区，日食持续的时间更短。

问题3：观测日食时，为什么要隔着一块熏黑的玻璃？

答案：这是因为，太阳光线非常强烈，在日食时，即使一部分光线被月影挡住了，但是如果用肉眼看的话，还是很强烈，以至于可能灼伤我们的视网膜，甚至对我们的视力造成永久性损伤，而熏黑的玻璃板则能帮助我们避免这一点。其实，方法很简单，只需要我们用蜡烛将一块玻璃熏黑，然后隔着玻璃去观看太阳，这样，我们既能观察到日食，又能不被强烈的太阳光线灼伤眼睛，不过，由于我们无法事先了解太阳光线的具体强弱程度，所以最好事先多准备几块熏黑的玻璃板。

如果我们不使用这种熏黑的玻璃，我们还可以把两块不同颜色的玻璃重叠放置，而且最好是颜色互补，或者用使用暗黑程度的照相底片来观测。不过，普通的护目镜或者太阳镜是不能用于观测日食的，因为它们根本起不了保护眼睛的作用。

问题4：日食时，在日面上，我们能看到一个移动的黑色月影，这个月影是从哪个方向移动，往左还是右？

答案：这也要分南北半球，北半球这个黑色月影是从右向左移动，也就是初亏（月影和太阳最先接触的点）一直在太阳的右侧，而在南半球的情况则完全相反，如图45所示。

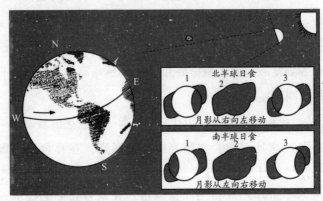

图45　发生日食时，日面上月影移动示意图

问题5：日食时，太阳所呈现的月牙形跟蛾眉月的月牙形有区别吗？

答案：有区别。日食时的这一月牙形的两边都来自同一个圆圈，是它上面的两道弧；而蛾眉月的月牙形，两边不一样，凸出来的那边是半圆形，凹下去的那边是半椭圆形。

问题6：日食时，树叶影子中的光点为什么是图46中的月牙形？

图46 日食时可观测到树叶影子的光点是月牙形

答案：树叶影子中的光点就是太阳的成像，所以，这些光点的形状会随着太阳形状的变化而变化，日食时太阳会变成月牙形，自然光点也就是月牙形。

🛸 月球上是什么天气

我们都知道，在地球上，因为有大气的存在，才有了云、雨、风等天气现象，但在月球上，却是没有大气层的，因此，月球也就没有了这些所谓的天气，唯一可以称得上天气的大概就是月球表面土壤的温度了。

现在，随着科学技术的发展，现在科学家在地球上也可以测量月球的温度。实际上，这一测量并不是什么难事，就是由一根两种不同材料焊接而成的导线，根据热电现象原理，如果导线两头的两个焊接点的温度不同，就有电流穿过。并且，两端的温差越大，通过导线的电流强度就会越大，这时，我们只要测出电流强度的大小，就能测出目标传到导线的热量，虽然它只是一个很小的仪器，但是灵敏度却非常高，甚至能测出宇宙中13等星传到地球的热量。

实际上，13等星距离地球非常远，它发出的一种微弱的光，只是肉眼可见光度的 $\dfrac{1}{6000}$，我们只有借助望远镜才能观测得到，13等星传到地球的热量与几千米以外发出的热量差不多，但是即便如此微弱的热量，这一仪器都能接收。它不但能测量天体的温度，还能测量个别天体不同地方的温度，利用这一仪器，科学家们测出了月球在不同时间各个部分的温度。

月球的部分影像，我们能通过望远镜来观看，我们可以将一仪器放在望远镜中图像的位置，就能测到相应位置的热量。

通过这种方法，月球表面的温度能被测出来，且误差可以精确到10℃，如图47所示。

满月时，月面中心的温度可以达到110℃，如果我们在月球上，大概不用炉子也能将食物煮熟。不过，月面上其他地方的温度与中心温度则成反比，月面中心附近的温度下降得较慢，距离中心2700千米的地方，温度依然有80℃，但距离很远的地方，则温度下降得非常快，而在月面的边缘地带，温度则下降到-50℃，而在背离阳光的地方，则能达到-153℃。

月球与地球不同，月球的温差非常大，地球上，因为有大气层的作用，即便夜晚没有太阳了，但温度也不会太低，最多下降2~3℃，但在月球上，月食时，因为月球表面照射不到

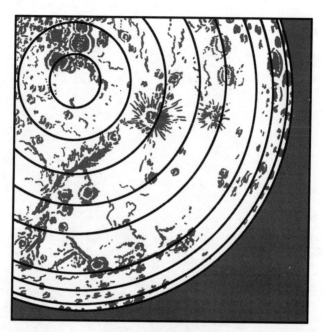

图47 月球表面温度

太阳，月面温度下降很快。曾有人测量过月面的温度，结果发现，在1.5~2小时内，月面的温度从70℃下降到−117℃，温差达到了200℃，有这样的温差，是因为月球不像地球那样有大气层的保护，此外，月球的物质热容量很小，导热性很差。

总的来说，在月球上生活不现实，因为我们考虑空气问题，还要克服巨大温差的影响。

第3章 行星

白天也能看到行星吗

对于本节这一问题，我们的答案是肯定的，在夜晚观察的话更清晰，但是天文学家经常在白天观察，比如，如果天文学家要想观察木星，只需要将望远镜的目镜调到半径不小于10厘米即可，甚至连木星上的云状带都能区分出来。对于水星而言，在白天观察甚至比夜晚更清晰，因为在夜晚，水星处于地平线以下，有时候还可能受到大气层的影响，导致水星看上去很模糊，根本无法看到，但是在白天，水星处于地平线以上，所以更利于观察。

其实，观察行星很容易，有时候甚至用肉眼就能观测，其中就有金星，它被称为宇宙中最亮的行星，在其闪闪发亮的时候，我们就可以直接用肉眼看到，法国天文学家弗朗索瓦·阿拉戈曾讲过一个故事："那天中午，天空中的金星把人们的眼球都吸引了过去，此时的拿破仑都因为受到了人们的冷落而感到不快。"

我们用肉眼观看金星，不需要刻意到一些空旷的地方，有时候甚至是都市的街头都可以，而且更容易发现金星的踪迹。之所以如此，是因为金星有很强的亮度，在街头观察，受建筑物遮挡和折射，金星对人眼睛的损伤反而能减弱。

在历史上，有不少关于用肉眼观看金星的记录，比如，俄国天文资料《诺夫歌德编年史》中曾记载：1331年，白天观察到了金星。那么，在白天观察金星有什么时间规律呢？据分析和观察，差不多每隔8年就能观察到一次。如果你是个喜欢天文学且喜欢观察行星的人，你可以记住这一规律——8年才有一次机会，并且，此时，你还可以看到水星和木星。

在这之前，我们也曾提到过木星的亮度，于是，我们产生了新的疑问：金星、木星和水星，谁更亮呢？因为出现时间的不同，我们无法比较，但科学家们经过观察研究发现，这五大行星的亮度可以做出一个由强到弱的排序：金星、火星、木星、水星和土星。

古老的行星符号

图48就是一些古老的行星符号，迄今为止，天文学家依然在使用。

在图中：

第一个代表的是月球。

第二个代表水星。

第三个是金星（也是女神维纳斯，象征爱与美）。

第四个代表火星（火星的保护神是战神马尔斯）。

第五个代表木星（宇宙之王宙斯）。

第六个代表土星（弗拉马利翁认为这是"时间的镰刀"被扭曲后的样子）。

最早使用这些符号要追溯到公元9世纪，只是随着天文学的发展，天文学家又发现了一些新的行星，因此，使用的符号也增加了，比如，天王星的符号是在圆圈上面画了两个H，含义是以此来纪念它的发现者赫歇尔；而海王星用三股叉来代表海神波塞冬，冥王星是最晚发现的行星，其符号是PL两个字母组成，代表冥界之神普鲁托。

当然，我们不能遗漏掉太阳和地球，它们被发现得最早，且图案最简单。

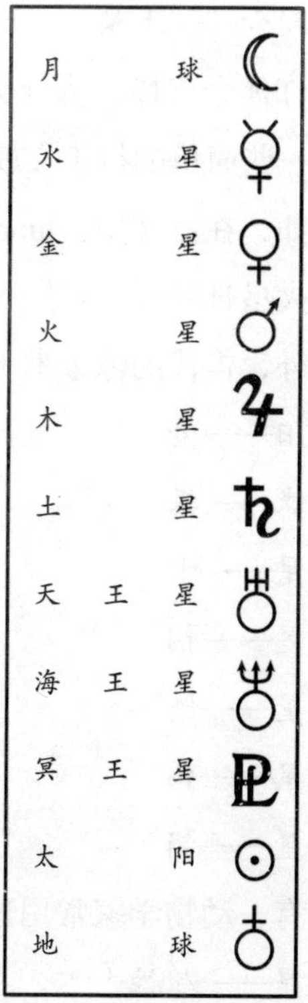

月		球	☽
水		星	☿
金		星	♀
火		星	♂
木		星	♃
土		星	♄
天	王	星	♅
海	王	星	♆
冥	王	星	♇
太		阳	☉
地		球	♁

图48 太阳、月球和各大行星的符号

其实，这些符号除了拿来表示行星外，在西方还被用来表示星期几：

星期日——太阳

星期一——月球

星期二——火星

星期三——水星

星期四——木星

星期五——金星

星期六——土星

也许你会奇怪，为什么会有这样的表述方法呢？不过，假如你会一些简单的拉丁文或者法文，就能了解其中缘由了：

比如，在法文中，lundi是星期一，是月球日，mardi是星期二，是火星日等等。

另外，古代的炼金术士还用这些符号表示金属，比如：

太阳——金

月球——银

水星——水

金星——铜

火星——铁

木星——锡

土星——铅

还有，动物学家常用这些符号来表示动植物的雌雄：

火星——雄性

太阳——一年生的植物

金星——雌性

木星——多年生的草

土星——灌木和乔木

可见，行星的这些古老的符号应用十分广泛。

无法画出来的太阳系

我们都知道，画笔有神奇的功能，大自然的一切都能在画笔的描绘下跃然纸上，但是太阳系确实是画笔无能为力的。一些人可能感到奇怪，认为我们经常看到太阳系的照片。其实，这并不算完整的太阳系，甚至可以说，这只不过是扭曲的行星轨道图，因为行星本身根本无法画出来。

实际上，我们可以将太阳系看作一个非常大的天体，在里面有一些微小的颗粒，与距离很遥远的行星相比，它们的体积实在太小了，为了便于分析研究，我们缩小了一定的比例，将太阳系和行星画了下来，如图49所示。

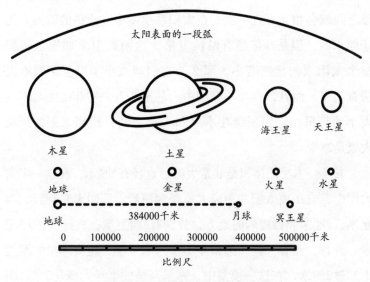

图49 太阳和行星的相对大小

在1：15000000000的比例中，我们的地球很小，直径只有1

毫米，而月球直径只有其四分之一，而太阳明显就大多了，直径大概是10厘米，与地球的距离是10米。

假如我们将这张纸看成一个大厅，那么，太阳就如同一个网球大，且被放置在大厅的一个角落里，在距太阳10米远的地方，地球就如同别针头一般大小，位于大厅的另一边。

因此，整个宇宙的大致形状我们就知晓了——中间十分空旷，星星只是其冰山一角。虽然在地球和太阳之间还有金星和水星，但同样非常小，水星的直径大概是$\frac{1}{4}$毫米，与金星差不多大。

不过，我们还需要注意一颗行星——火星，它距离宇宙大厅中太阳的位置16米，而距离地球4米。每平均15年，火星与地球之间就会相互靠近一次。在太阳系模型中，火星的周围并无任何东西，但是却依然有两颗卫星，这两颗卫星如果也按照整个太阳系的比例缩小，那么，它们就太小了以至于根本无法看出来。而且，在这一模型中，甚至还有一些和细菌差不多大小的行星，它们围绕在木星和火星之间，距离太阳的距离大概是28米。

其实，木星的体积是非常大的，直径有1厘米，在这一宇宙大厅中，它距离太阳的距离大概是54厘米，而距离它3厘米、4厘米、7厘米和12厘米的地方，分别有4颗卫星，直径只有0.5厘米，并且，还有一些和细菌差不多大的卫星，距离木星的距离不超过2厘米，在这一模型中，木星系统的半径大概是2米，而"地球——月球"系统的半径大概只有3厘米。

我们分析到这里，就会发现，要想在纸上将太阳系画出来实在是太难了，土星与太阳相距100米，直径只有8毫米，它的光环是4毫米，厚度才只有0.004毫米，在它表面1毫米的周围，有9颗卫星环绕周围，这些卫星分别沿着半径为0.5米的圆运动；天王星距离太阳196米，大小只有绿豆大；海王星的大小与天王星差不多大，但距离却远多了，大概有300米。而最远的是400米的冥王星，它的半径比地球还小。

另外，在这一模型中，很多彗星是不能被忽视的，它们也在围绕太阳运转，在历史上，出现过很多次的彗星，比如公元前372年、1106年、1668年、1680年、1843年、1880年、1882年和1887年。每隔800年，彗星围绕着太阳运行一周时间。在这些彗星中，最近的距离太阳不到12毫米，最远的则是1700米，所以，要想将这些彗星也收进模型中，这个模型的直径至少是3.5千米。

因此，将太阳系完全描绘在纸上是几乎不可能的事。

水星上为什么没有大气

表面上看，对于行星来说，自转一周所需要的时间与大气的存在并无关联，但实际上，它们关系密切，现在，我们不妨以水星为例来做分析：

对于所有的行星来说，水星是距离太阳最近的，要知道，重力的存在是大气存在的前提。水星作为一个独立的行星，其表面是存在重力的，所以，从理论上来说，它是可以存在大气的，并且，大气成分应该也是与地球上是一样的，只不过密度比地球上的小。如果想要在水星上克服重力，物体的运动速度最少要达到4900千米/秒，不过，对于地球上的任何大气而言，都是不可能存在这一速度的。

不过，以上我们分析的只是理论上存在的情况，实际上，水星上没有大气的，这与月球的情况类似。月球是围绕地球公转的，但水星是围绕太阳公转的，因此，它们总是有一面朝向所环绕的天体。

在水星上，朝向太阳的一侧永远是白天，另外一面则完全不同——寒冷的黑夜，水星到太阳的距离大概是地球到太阳距离的$\frac{2}{5}$。所以，白天，水星是非常炎热的，它所接收到的太阳的热量是地球上的6.25倍，而它的另一面则非常寒冷，温度可以达到-264℃，在昼夜交替时，则大概是2℃，这是一条时冷时热、忽明忽暗的狭长通道。

在水星上，朝着太阳的一面气温很高，气体膨胀，而另外一面则因为寒冷而凝结成固体，这样，一面的气体就会流向另外一面，也形成固体，因此，水星上是不可能存在大气的。

我们的月球上是同样不存在大气的，也是同样的原因，最后气体都成了固体。

在威尔斯的小说《月亮里的第一批人》中，有这样的片段：

"月球上也存在空气的，不过是这些空气慢慢变成了液体，再慢慢固化，我们在白天时才能感受到。"

对于这种说法，霍尔孙教授并不认同，他认为，月球上根本不存在大气，也无法感受到，流动的气体会从温度高的一面流向寒冷的一面，最后固化，因此，月球上是不可能存在大气的。

🛸 金星什么时候最明亮

我们都知道，高斯是一位举世闻名的数学家，在数学界的成就也是家喻户晓的，但我们不知道的是，高斯还是一位狂热的天文爱好者。

高斯曾通过望远镜发现了金星的位置和形状，并且，他还邀请自己的母亲一同来观赏。一天晚上，星光灿烂，他邀请来了母亲，原本他只是想让母亲帮忙验证一下自己的发现的月牙形的金星，但是没想到的是，母亲却给他带来了更多意外的惊喜，他只是发现了金星的位置与形状，并没有观察到金星的位相，但他的母亲却发现了。

图50就是金星的位相，从图中，我们能看到，金星位相很有自己的特色，当金星呈现月牙形的时候，其直径要比满轮的时候大多了。这是因为行星与我们之间的距离也会随着位相的变化而变化，地球距离太阳的平均距离是15000万千米，而金星是10800万千米。我们很容易能得到金星和地球之间的最近距离是4200万千米，而最远距离是25800万千米。

当金星距离地球最近的时候，它的视直径最大，这时，它朝向我们的是阴冷的一面，因此，我们的观察反而受到影响，不过，随着金星与我们越来越远，它的形状也会慢慢变成满轮，且伴随着直径的变小。

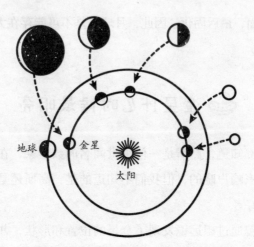

图50　通过望远镜观测到的金星位置

　　不过，我们需要指出一点，我们所说的金星最亮的时候，并不是月牙形或者视直径最大的情况下，这两种情况下，我们都看不到最明亮的金星，确切地说，最明亮的金星应该是从它视直径最大时算起来的第30天，此时，它的亮度是最明亮的，相当于天狼星的13倍。

🛸 火星大冲

　　前面，我们提及过，火星与地球每隔15年会相互靠近一次，且距离是最近的，我们将其称为火星大冲，最近（作者别莱利曼著本书时）出现的大冲分别是在1924年和1939年，如图51所示。

　　那么，为什么火星大冲会每15年出现一次呢？

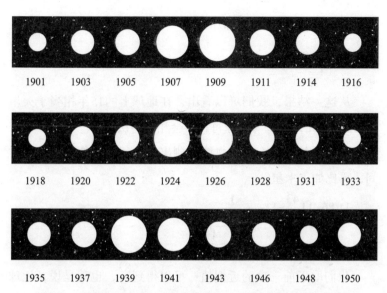

图51 火星在20世纪上半段中各次大冲期的视直径的变化

接下来我们可以就此进行分析：

我们都知道，地球绕太阳公转一周所需要的时间是$365\frac{1}{4}$天，而火星则需要687天，因此，它们的相遇所需要的时间，一定是要它们各自公转时间的整数倍，我们可以进行下面的推算：

$365\frac{1}{4}x=687y$，也就是$x=1.88y$；

也就是$\frac{x}{y}=1.88=\frac{47}{25}$，

我们再将右边的分数化解成连分数的形式，可以得到$\frac{47}{25}=$

$$1+\cfrac{1}{1+\cfrac{1}{7+\cfrac{1}{3}}},$$

我们再取前三项的近似值：

$$1+\cfrac{1}{1+\cfrac{1}{7}}=\cfrac{15}{8}$$

从这一结果，我们可以看出，在地球上的15年相当于火星的8年，因此，火星与地球每15年会相遇一次。

用同样的方法，我们也能推测出气体行星与地球相遇的时间，再比如，木星：

$$11.86=11\cfrac{43}{50}=11+\cfrac{1}{1+\cfrac{1}{6+\cfrac{1}{7}}}$$

我们取了前三项的近似值，可以得到$\cfrac{83}{7}$，也就是说，地球上的83年相当于木星上的7年，而它们每83年会相遇一次，它们相遇时，也是木星最明亮的时候。据记载，木星上一次出现大冲是1927年，83年后是2010年，这是最近一次木星大冲出现的时间，再下一次是2093年。

🛸 是行星还是小型太阳

我们都知道，在太阳系中，最大的行星是木星，它足足有1300个地球那么大，且因为有很强的引力，在它的周围，有很多卫星。迄今为止，科学家发现的就有11个，科学家伽利略发现了其中最大的四颗，并且用罗马数字表示：Ⅰ、Ⅱ、Ⅲ、Ⅳ，其中木卫Ⅲ和Ⅳ，并不比真正的行星——水星小。下表表示了这四颗卫星与水星、火星和与月球的直径的大小的比较。

天体的名称	天体的直径（千米）
木卫Ⅰ	3700
木卫Ⅱ	3220
木卫Ⅲ	5150
木卫Ⅳ	5180
火星	6788
水星	4850
月球	3480

　　图52中，最大的圆表示木星，左边的圆表示木星的4颗卫星，沿木星直径排列的那些小圆则表示地球，在大圆的右边，紧挨着地球的小圆是月球，它的右边依次表示的是火星和水星。从图52中，我们更能直观地看到它们之间的大小比较。

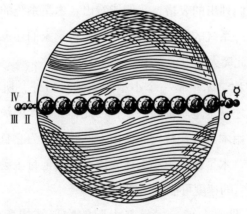

图52　火星和它的卫星跟地球、月球、火星、水星的大小比较图

不过，我们需要注意的是，此处我们绘制的是一张平面图，而不是立体图，各个圆面积之比与这些天体的真实体积之间并不对应，球体的体积与它的直径的立方成正比，也就是说，如果木星的直径是地球的11倍，那么，它的体积将是地球体积的1331倍。在了解这一点后，我们大概就能了解木星的真实大小而不至于产生错觉了。

木星具有强大的吸引力，这一点，我们可以从它与卫星之间的距离看出来，为此，我们列出了木星与地球到月球的距离对比。

天体	距离（千米）	比值
地球到月球	380000	1
木星到卫Ⅲ	1070000	3
木星到卫Ⅳ	1900000	5
木星到卫Ⅸ	24000000	63

根据我们列出的表格，我们能看出，木星系统的大小是地球与月球这一系统的36倍，迄今为止，科学家们还没有发现哪颗行星有如此庞大的卫星系统。

有人曾称，木星是一个小型的太阳，另外，所有行星质量之和，也才是木星质量的一半，因此，如果太阳消失了，或许我们可以用木星来代替它的作用。此时，因为它自身存在巨大的吸引力，木星就是中心天体，因此，其他行星会围绕它旋转。不过，它的速度可能会受到影响。

另外，我们发现，木星与太阳的物理结构竟然相似，我们都知道，太阳密度大概是水的1.4倍，而木星是水的1.3倍，二者颇为接近。不过，木星的形状很扁平，我们的科学家有理由相信，在木星的结构中，应该存在一个密度非常大的核心，而且有一个非常厚的冰层和大气层覆盖在这一核心外面。

到现在为止，我们也并未找到为什么木星有如此物理特性的原因，不过，人们发现，在木星和它相邻的土星上，存在着大量的氮气，不过要想全面了解木星，我们依旧任重道远。

🛸 土星上的光环消失了

我们都知道，在土星的外围有一层光环，并且，这一光环会让人们联想到很多美好的事物，比如天使，让人感到快乐。

不过，1921年出现了这样一则传言：早晚有一天，土星上的光环会消失，然后变成碎片散落在太空中，并对地球产生撞击作用，将为我们的人类带来灭顶之灾。

不过随着时间的流逝，人们认识到这是一个谣言。不过，在当时，这一传言确实让不少人感到恐慌。那么，我们再来谈谈这一问题——土星的光环到底有没有可能消失，如果消失，会产生怎样的后果？对于这一假设，天文学上称其为"土环消失"，其实这是一种很常见的天文现象，并没有人们想的那么骇人听闻。

土星周围的环消失，原因其实很简单，相对于它的宽度来说，它的环很薄，而当它环的侧面对着太阳时候，它的上下两面并不能同时照到光线，所以我们看不到其周围的环了，如图53所示。另外，当环的侧面正对地球的时候，我们也是无法看到的。

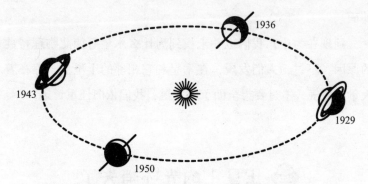

图53　土星公转一周的29年里，土星环和太阳的相对位置

所以，人们从谣言中听到的土星环会破裂的说法是无稽之谈。

🛸 小行星

其实，在我们的太阳系中，行星数量远不止8颗，不过，与其他行星相比，这8颗更大。因此，人们投入了更多关注的目光，其实，还有很多很小的行星的存在，据天文学家估计，小行星总数在50万颗以上，比如，谷神星，它也是一颗围绕太阳公转的行星，但它的体积很小，比月球还要小很多。早在1801年1月1日，人们便发现了这颗小行星的存在。

在整个19世纪，人们发现了很多小行星的存在，足足有400

多颗，不过，当时人们认为，这些小行星的运动轨迹只在火星和木星之间。

后来，人们又逐渐在火星和木星轨道之外发现了小行星，比如，爱神星，它于1898年被发现，1920年，人们又发现了希达尔哥星。之所以这样命名，是为了纪念当时在墨西哥革命战争中牺牲的烈士希达尔哥。希达尔哥星活动的平面与地球轨道的夹角是43°，且活动时与土星靠近，在当时，人们认为它是轨道中最扁的行星。1936年，人们又发现了阿多尼斯星，它比希达尔哥星更扁，因为希达尔哥星的偏心率是0.66，而它的则是0.78，它活动时一端靠近水星，一端远离太阳。

在对被发现的小行星的记录和命名上，科学家们有自己的创意。通常，他们喜欢用月份来命名，不过不是采用我们惯用的12月份，而是采用24个半月，且每个半月会用不同的英文字母表示A为1月1~15日，B为1月16~31日，以此类推，I不用，Z用不到，共24个字母。如果在同一个半月发现了几颗行星，那么，在同一字母的基础上，会多加上一个字母。第二个字母表示这半个月发现的第几颗小行星，A为1，B为2，以此类推，I不用，共25个字母。如果25个字母仍然无法满足需要，科学家们就又会从字母A开始，而且，会在字母A的右下角做一个数字标记，比如1932EA$_1$，意思是这颗小行星是1932年3月的上半月发现的第26颗行星。

随着科技的发展，天文学也在快速发展，越来越多的小行星被人们发现。

对于小行星的体积，可以说形态各异、大小不一，但总的

来说，小行星之所以被我们称为小行星，其体积都不大，目前
发现的小行星中，大概有70多个的直径在100千米以上，而直径
在20~40千米的占大多数，还有一些非常小的，直径只在2~3千
米，我们前面所说的谷神星算是比较大的小行星了，另外，智
神星也比较大，直径是490千米。

就目前我们发现的小行星来说，估计还不到全部小行星的
5%，但无论还有多少小行星没有发现，但我们可以粗略算出，
它们的总质量还不到地球的$\frac{1}{1600}$。俄国的格里·尼明是一位研
究小行星的资深专家，他曾说过这样一段话：

"小行星不仅在体积上千差万别，其物理特性也各有不
同，在不同的小行星表面，分布的物质也不同。另外，在对太
阳光的反射能力上，不同的小行星也有不同。比如，谷神星和
智神星，它们的反射能力与我们地球上的黑色岩层不相上下，
而婚神星却跟浅色的岩层相同，灶神星反射太阳光的能力类似
白雪。"

一些小星星发出的光芒会有波动，这表明它们也在自转，
且形状并不规则。

🛸 小行星阿多尼斯

小行星阿多尼斯的轨道很扁，与彗星轨道差不多，除了这
一点外，阿多尼斯还有一个很显著的特点，它是距离地球最近

的小行星，在人们发现它的那一年，它与地球的距离只有150万千米，尽管月球离地球更近，但月球是地球的卫星，而阿多尼斯则就很明显地成为了离地球最近的小行星。

除了阿多尼斯外，阿波罗是迄今为止所发现的行星中最小的一颗。发现它的时候，它到地球的距离只有300万千米，火星距离地球最近的时候是5600万千米，而金星距离我们4200万千米，不过，阿波罗到金星的距离最近的时候只有20万千米。

此外，赫尔墨斯距离地球非常近，大概是50万千米，这与月球到地球的距离差不多。

在天文学上，我们经常看到"万千米"来作为天体间距离的单位，在我们看来，这是一个很大的单位，但是在天文学中，这一单位太常见了。

比如，我们说一颗小行星是以花岗石为质地的，它的体积为52000万立方米，那么，这颗小行星的质量就是150000万吨，我们以金字塔为参照物，这个行星的质量大约是金字塔的300倍。由此可见，在天文学上的大小概念与我们日常生活中所理解的大小概念是不可相提并论的。

"特洛伊英雄"小行星——木星的同伴

在我们发现的小行星中，有一组小行星是以古希腊特洛伊战争中的英雄人物命名的——阿喀琉斯、赫克托尔、帕特罗克洛斯、阿卡门农等，另外，这些行星还有一个特点：它们与木星以及太阳正好构成了一个等边三角形，无论它们怎么运动，总是在木星前后60°的方向运动，因此被称为木星的伴星。

尽管这些小行星数目繁多，但是在运动过程中，它们绝对不会偏离轨道，即使偶尔偏离，也会被巨大的引力拉回来。而木星与小行星、太阳之间的等边三角形之间有着很好的平衡性。

在未发现这些小行星之前，法国数学家拉格朗日指出，天体之间具有稳定性，但是他并不认为在宇宙中存在这样的天体，后来，随着这些小行星的被发现，他后面的话也就被认为是错误的。

在太阳系里旅行

在本章里，我们看看太阳系里除了地球和月球之外的其他天体的一些情况。

我们首先来看看金星。

金星距离地球和太阳都很近，在金星表面有一层大气层，假如我们站在金星上，用肉眼就能看到地球和太阳，且与站在地球上相比，站在金星上看太阳，太阳好像大了一倍。如图54所示。

图54　从地球和其他行星上看到的太阳大小对比图

　　此时，地球也成了非常明亮的行星。在地球上，我们也能看到金星，不过，因为此时金星的公转轨道也属于地球系统，所以，如果金星在近地点，那么，我们是无法看到它的，只有当它运行到了一定距离后，才能看到它，此时我们看到的是并不明亮也不完整的金星。反过来，如果站在金星上看地球，则是很完整且明亮的，如同火星大冲一样，此时看到的地球亮度至少是站在地球上看金星的6倍。

　　不过，我们所说的这些情况都是在金星外层大气透明的情况下，而实际上，金星外层真正的情况是有一层灰色光。此前，科学家们认为，这些灰色光来自地球的照射，但后来发现，金星只能接收很弱的地球光，相当于一根普通蜡烛在35米之外发射的光度，如此微弱的光是不可能让金星上空出现这样的灰色光的。

我们站在金星上，还可以接收到月球光，与天狼星上的月光相比，金星上的月光强度是其4倍。也正是因为如此，我们才能在金星上也透过望远镜看到月亮，而且能看得十分清晰。

另外，在金星的天空中，还能看到一个行星——水星，与地球上的水星亮度相比，金星上的亮度是其三倍，在天文学上，经常将水星比喻为金星的晨星和昏星。

不过，如果站在金星上观察火星，你会发现，很明显，它没有地球上看到的亮，亮度只有在地球上看到的火星亮度的40%，这比木星的亮度还要暗一些。

在天空中，虽然行星处在不同的位置，但看到的轮廓都差不多，这是因为这些行星距离我们实在太远了。

接下来，我们再来看看水星，水星总是犹如一个圆盘一样挂在天上。水星奇怪的地方是，它没有空气，也没有昼夜。

综合来看，这些行星中，最美最亮的要数金星了，它犹如一颗璀璨的明珠，光芒耀眼。

现在，我们再来看看火星，其实，在火星上，我们也能看到地球和太阳，不过，我们在这看到的太阳要比在地球上看到的小很多，只有一半大小，此处看到的地球也只是其表面积的$\frac{3}{4}$，亮度大概相当于地球上看到的木星。不过我们能清晰地看到月球，甚至它的月相变化都能十分清晰地看到。

说到火星，我们就不得不提它的卫星了，在它的卫星中，当属福波斯最著名了。这是一个直径不到15千米的卫星，但是因为距离火星很近，因此也很明亮。在距离福波斯稍远一些的火星卫星上，能看到一个位相不断变化的大圆面，这就是火星本身，它的圆面视角大概是41°，其中位相变化的速度是月球的几千倍。

接下来，我们要谈一下太阳系中最大的行星——木星。在木星上，看到太阳的体积相当于地球上所见的体积的$\frac{1}{25}$，木星上接收到的太阳光也相当于地球的$\frac{1}{25}$，而木星的白昼时间很短暂，每天只有5个小时的白昼，其他时间都是黑夜。

在木星的天空，那些熟悉的行星的身影我们并未看见，因为它们的形状都发生了很大变化，以水星为例，此时的水星完全被太阳光遮挡住了，而金星、地球以及太阳都是从西边落下，只有在黄昏的时候才能隐约看到它们的身影，火星也若隐若现，看到最明亮的行星大概只有天狼星和土星了。

木星的卫星也很著名，它们将木星的整个天空照得颇为明亮。它的两颗卫星——卫星Ⅰ和卫星Ⅱ的亮度与在地球上看到的金星的亮度差不多，而卫星Ⅲ的亮度是金星上所看到的地球亮度的2倍，卫星Ⅳ和卫星Ⅴ的亮度比天狼星还要亮。在体积方面，这些卫星也不小，上面我们所说的这四颗卫星的视半径比太阳的半径还要大，不过在运行的时候，前三颗卫星会被木星的阴影吞没。因此，我们不但不能经常看到它们，也不能看到整个圆面的位相。从木星的角度也能偶然看到日全食，但也不能看到全过程。

另外，木星的大气层不似地球上那般清澈，它很稠密乃至浑浊，在这样的条件下，有时候会出现一些特殊的光学现象。在地球上，由于光的折射作用，我们所看到的天体比它的实际位置要高一些，不过，在木星上，光的折射非常明显，很多光不是射入大气层，而是反射回木星，如图55所示。

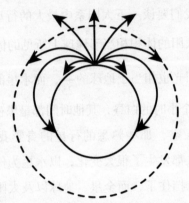

图55　木星的大气中光线折射示意图

有个特别的地方是，在木星上，无论何时，都能看到太阳的存在，太阳总是挂在空中，这是一种十分别致的景象。不过，这也只是目前科学家们的分析，并未得到实践验证。

我们再来看图56：

图56　从木星的卫星Ⅲ上看到的木星景象

　　这是我们在木星的卫星上看到的景象，在距离木星较近的位置上，我们能看到与众不同的景色。比如，在距离木星最近的卫星上，我们所看到的木星视直径几乎是月球的90倍，而亮度只有太阳的$\frac{1}{7}$到$\frac{1}{6}$。当它的下边缘已经开始逐步没入到地平线的时候，它的上半部分依然在空中，当它完全没入地平线的时候，圆面积几乎是整个地平线的$\frac{1}{8}$，木星在旋转的时候，卫星会映射到木星上，然后成为一个个小黑点，这对木星并没有多少影响，只是看起来暗淡了不少。

　　下面，让我们来到土星。对于土星来说，最有特点的就是它周围的土环了。不过，此处我们要明白，在土星上，并不是任何地方都能看到土星环，如果站在土星的南北纬64°到南北极之间，人们是看不到这样的土星环的。我们再来看图57：

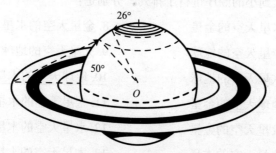

图57　在土星表面的不同位置看土星环

　　在图57中，如果我们站在北纬64°到35°之间，我们就能看到土星环。且我们再往南到北纬35°，你能看到最明亮、清晰且视角最大的光环，过了这个地方，光环又会逐渐变得模糊，在土星的赤道上，我们只能看到光环的侧面。

另外，土星上的光环只有一面被太阳照射到，照射不到的那面就是阴影。因此，我们也只有站在土星被阳光照射到的一面时，才能看到如此耀眼的光环，土星被太阳照射的部分每半年换一次，也就是说，如果我们在上半年看到了光环，那么，整个下半年，这里都是黑暗的一边。并且我们也只有在白天才能看到，而到了晚上，阳光只会照射几个小时，然后没入黑暗中。

不过，如果我们站在距离土星最近的卫星上，我们能看到很美妙的天空景色，尤其是当土星的光环呈现为月牙状时。此时，在这条光环的中间会有一条狭长的带子，这其实就是光环的侧面，而围绕在土星周围的一群卫星也是月牙形，因此格外美丽。

这里，我们主要介绍了太阳系的几颗主要行星，另外，我们列出了各个天体在别的行星天空中的亮度对比，下面，我们按照由大到小的顺序进行了排列，分别是：

1. 水星天空的金星

2. 金星天空的地球

3. 水星天空的地球

4. 地球天空的金星

5. 火星天空的金星

6. 火星天空的木星

7. 地球天空的火星

8. 金星天空的水星

9. 火星天空的地球

10. 地球天空的木星

11. 金星天空的木星

12. 水星天空的木星

13. 木星天空的土星

其中，我们用横线标出了4、7、10项，这是我们熟悉的几项，我们可以据此来判断，并且，从中我们发现，在太阳系的行星中，地球已经算是很明亮的行星了。

下面是我们列出的关于行星的大小、质量、密度、卫星的数量的一览表：

行星	平均直径			体积（地球=1）	质量（地球=1）	密度		卫星的数量
	视直径	实际直径				地球=1	水=1	
		千米（地球=1）						
水星	13～4.7	4700	0.37	0.05	0.054	1.00	5.5	—
金星	64～10	12400	0.97	0.90	0.814	0.92	5.1	—
地球	—	12757	1	1.00	1.000	1	5.52	1
火星	25～3.5	6000	0.52	0.14	0.107	0.74	4.1	2
木星	50～30.5	142000	11.2	1295	318.4	0.24	1.35	12
土星	20.5～15	120000	9.5	745	95.2	0.13	0.71	9
天王星	4.2～3.4	51000	4.0	63	14.6	0.23	1.3	5
海王星	2.4～2.2	55000	4.3	78	17.3	0.22	1.2	2

下面是行星到太阳的距离、公转周期、自转周期、引力等一览表：

行星	平均半径		轨道偏心率	公转周期（地球年）	轨道上的平均速度（千米米）	自转周期	赤道与轨道平面倾斜度	引力（地球=1）
	天文单位	百万千米						
水星	0.387	57.9	0.21	0.24	47.8	88日	5.5	0.26
金星	0.723	108.1	0.007	0.62	35	30日	5.1	0.90
地球	1.000	149.5	0.017	1	29.76	23小时56分	5.52	1
火星	1.524	227.8	0.093	1.88	24	24小时37分	4.1	0.37

续表

行星	平均半径		轨道偏心率	公转周期（地球年）	轨道上的平均速度（千米米）	自转周期	赤道与轨道平面倾斜度	引力（地球=1）
	天文单位	百万千米						
木星	5.203	777.8	0.048	11.86	13	9小时55分	1.35	2.64
土星	9.539	1426.1	0.056	29.46	9.6	10小时14分	0.71	1.13
天王星	19.191	2869.1	0.047	84.02	6.8	10小时48分	1.30	0.84
海王星	30.071	4495.7	0.009	164.8	5.4	15小时48分	1.20	1.14

在图58中，我们给出了几个天体在望远镜中被放大100倍的情景。其中，下面的左图是月球，右边的依次是水星、金星、火星、木星、土星以及木星和土星的卫星。

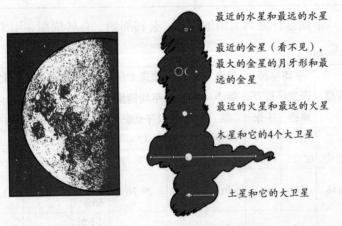

最近的水星和最远的水星

最近的金星（看不见），最大的金星的月牙形和最远的金星

最近的火星和最远的火星

木星和它的4个大卫星

土星和它的大卫星

图58 望远镜放大100倍后的月球和其他行星及行星的卫星图

第4章　恒星

恒星名称的由来

　　夜晚，我们经常被天空中闪闪发光的恒星吸引，但是我们却并不知道恒星来自何方，实际上，一直以来，无论是天文学家还是天文爱好者都不曾停止对恒星的研究。

　　早在400多年前，达·芬奇就曾说过这样一段话："我们拿出一张纸，然后用针尖在这张纸上刺出一个小孔，眼睛从小孔看过去，我们能看到一颗非常小的星星，此时你发现，其实这颗星星并没有发光。"达·芬奇的话道出了恒星的客观存在，但至于恒星到底是如何出现的，并未说明。

　　生活中，我们经常说看到光，其实真实情况并不是如此，我们的眼睛是看不到光的，我们看到的是被光折射或者照亮的一些微粒或者灰尘。在浩如烟海的宇宙中，太阳一直在发光，但是我们并不能看见这些发光空间。实际上，就连笼罩在恒星外面的那层大气，我们都无法看到。那么，到了晚上，我们为什么又能看见这些恒星呢？

　　要了解这一问题，我们先要了解我们人体的视觉器官——眼睛的构造。科学研究表明，我们的眼睛其实并不是透明的，实际上，那些玻璃透镜比我们的眼睛还要透明，眼睛其实是一种纤维组织，多姆赫兹在"视觉理论的成就"演讲中，曾说过这样一段话：

　　"我们眼睛里所形成的光点的像，其实并不是真的发光。

这是因为，构成眼珠的纤维具有特殊的排列方式，一般来说，这些纤维沿着6个方向呈辐射状排列，那些看起来从恒星或者更远处的灯火所发出的能看得见的一束束的光线，其实只不过是我们眼珠的辐射构造的表现而已，其实，这是我们眼睛构造上的一种缺陷，造成了这种错误的感觉，这是一种普遍现象。"

因此，我们看到的那些发光体并不是真实的，只是我们的眼睛创造出来的。

除了达·芬奇说的那个故事外，赫尔姆霍尔兹的理论中，也对这一现象给出了科学的解释：假如我们从一个细孔中看星星，我们的眼睛接收到的就是一束非常细的光，这束光只接触到了眼珠的中心部分，此时，眼珠的辐射构造就不再发挥作用了，此时，我们的眼睛看到的也就是一束单一的光了，也就是说，恒星自己的光芒就不存在了，而只能看到一些非常小的发光点。

不过，反过来，我们在没有望远镜的情况下，可以利用这一方法来观测那些不带光芒的群星。

到现在，我们就能回答本章开头提到的问题——恒星是谁创造的了，是我们自己，因为我们眼睛自身的构造缺陷。不过，我们也应该感谢这一缺陷，如果不是这一缺陷的存在，我们大概只能看到一束细微的光，而不是如此光芒四射的群星了。

为什么恒星会闪烁，而星星不会

我们经常听到一些小孩子这样描述星星："星星会不停地

眨眼睛。"事实上不仅是孩子，我们成人也喜欢看星星闪烁的样子。弗拉马利翁曾说："星星发出的忽明忽暗、闪烁的光，像极了璀璨夺目的钻石，天空也因此灵动活泼起来，就好像天上有一双眼睛在看着我们。"

那么，星星为什么会闪烁呢？这一点问题，不仅是那些孩童好奇，就连我们的天文学家也在寻找答案。

我们抬头看星星，星光在到达我们的眼睛之前需要经过很长一距离，而其中就必须要穿透大气层，而在地球上空，每处大气层的温度和密度都不均匀，所以，当光束穿过大气层时，就好像穿过了很多个三棱镜、凸透镜或者凹透镜。在经过很多次的折射后，光线就会变得时而聚合、时而分散了，明暗程度也在不停变化。这就是我们的星星闪烁的原因。如果大气层的温度和密度是恒定的，那么，我们就看不到星光闪闪了。

另外，星星的闪烁程度也不同，白色的星星比黄色或者红色的星星闪烁的幅度大，地平线附近的比悬在天空中的星星闪烁幅度大。

这里，我们说的闪烁的星星，指的是恒星，因为行星不会闪烁。不过，行星离我们近多了，这就使得它的光并不是一个点，而是很多个闪烁的点，而这些点组成了一个圆面，虽然每个点的闪烁幅度不同，但因为相互之间的融合，让整个圆面看上去十分稳定。

星星会变颜色，这是因为星光在穿过大气层时，不仅会发生折射，也会发生散射，所以，我们不仅能看到光在闪烁，还能看到它们变化颜色，而距离地平线越近，颜色变化越明显，特别是在刮风或下雨后。这是因为此时的空气会变得更清澈，星星闪烁的幅度和颜色变化也都更明显。

🛸 恒星能否在白天看见

前面我们提及，在白天我们能看见行星，那么，我们在白天能否看见恒星呢？

对于这一问题，自古以来，很多人进行了研究和探讨，不过大家一直公认这一说法：白天是能看到恒星的。不过，这对于我们的观测地点有要求，我们需要站在深井、矿坑或者高烟囱等地方，虽然很多人这样认为，但究竟正不正确，一直没有人亲身体验过。

曾经，美国的一家杂志刊登了一篇文章，文章作者否定了在深井中能看到恒星的说法，这种说法是没有任何科学依据的，有趣的是，在这篇文章发表出来以后，当地就有一名农场主写信驳斥了这种说法，他声称自己亲自进行了实验，在白天的时候，他在深达20米的地窖里，看到了五车二和大陵五这两颗恒星。

为了验证他的说法，人们后来进行了探讨与研究，发现这是一个乌龙事件，根据农场主提到的地窖所在的纬度以及当时的季节来看，他说的那两颗恒星根本没有经过天顶。

不过，即便如此，人们对于这一问题的研究依旧没有停止过。

　　后来，人们进行了大量的事实论证得出，无论是深井还是矿坑，都是不可能帮助我们在白天看到恒星的。那么，为什么白天看不到呢？

　　这是因为空气中的微尘漫射的太阳光比恒星的光要强，这种情况下，即便我们到很深的矿坑或者深井中，也无法改变这一事实。

　　我们可以做一个简易实验来证明这一点。

　　实验所需要的器材和工具是：灯、白纸、针以及硬纸匣。

　　首先，我们在硬纸匣的侧壁上用针刺几个小孔，将白纸贴在侧壁的外面，然后将灯放在硬纸匣里，并点亮它，最后，我们将硬纸匣挪到一个黑暗的房间里。此时，我们就可以在侧壁的小孔上看到灯发出的光点，它们都映照在了白纸上，形同于晚上的星星。接下来，我们打开房间的灯，虽然硬纸匣的灯是开着的，但是白纸上的亮点却消失不见了。

　　实际上，这一实验的原理与白天我们看不到星星是一样的。

　　随着天文学的发展，现在，我们运用望远镜在白天也能看到恒星了。但是一些人仍然认为这是从"管底"观察的原因，其实，这一说法是错误的，能在白天看到恒星，是因为望远镜里装有玻璃透镜和反射镜，这种装置能对光线产生折射和反射作用，我们在运用望远镜观察的时候，视野中的天空会变暗，而恒星会变亮，所以，我们在白天也能观测到恒星了。

　　不得不说，很多人在了解这一点后，可能会产生一种挫败感。其实，很多行星，比如金星、木星和大冲时的火星，在太阳光照比较暗的情况下，在白天我们是能看见的，那么，在深井中能看见也就不足为奇了。在深井中，井壁会挡住太阳光线，此时，即便那些行星离我们较远，我们也能看到，但我们可以肯定的是，看见的绝对不是恒星，对于这一点，我们在后面的章节中会细细分析。

🛸 星 等

日常生活中，我们经常会抬头看看天空中的星星，那么，你想过将这些星星分类吗？区分的标准又是什么呢？

其实，很早以前，人们就开始思考这一问题了，一些人提出了根据星星的大小和亮度来划分等级，在天文学上，叫作"星等"。我们通常将黄昏时天空中最亮的星星称为一等星，亮度次之的称为二等星；以此类推，最后一个等级的是六等星，而六等星的亮度刚好是我们用肉眼可以看到的。

不过这种划分的方法不够客观，并不适合天文学研究。为此，天文学家们制定出了一套更完善的标准。对星星的亮度等级进行了更为细致的划分。

具体地说，就是把一等星的平均亮度规定为六等星的100倍，如果有的星星比一等星还亮，则将其化为零等星或者负等星。

根据这一标准，科学家们推出了恒星的亮度比率，也就是说，前一等星的亮度是次等星的多少倍，接下来，我们不妨来看一下这个比率的大小，我们假设它为n，则会有：

一等星的亮度是二等星的n倍；

二等星的亮度是三等星的n倍；

三等星的亮度是四等星的n倍；

……

如果将其他星的亮度与一等星一起比较，就有：

在亮度上，一等星是二等星的n倍，是三等行的n^2倍，是四等型星的n^3……

$n^5=100$

那么，$n=\sqrt[5]{100}\approx2.5$

这个答案告诉我们，每一等星的亮度是后一等星的2.5倍，我们可以获得小数点后三位数的精确度，也就是2.512倍。

不过，我们还需要重申的是，一等星是最亮的星星，但却并不是最亮的天体，就拿太阳来说，它比一等星亮多了，它的星等是"负27等星"，负等星才是最亮的，不过，这里的"负"，与我们所说的一般意义上的负并不是一个概念。

🛸 星等的代数学

在前面的小节中，我们提到了星等，星等是天文学上用来表示星星亮度的概念。不过，在具体的天文学研究中，人们使用更多的则是光度计，这是一种特别的仪器，用它就能测出未知天体的亮度与已知天体的亮度之间的对比，因为在这种仪器中，有具体的参数设置，能将仪器中设定好的"人工星"与真实的星体之间进行比较，就能得出想要的数据。

那么，对于那些比一等星更亮的形体，该如何来表示呢？我们在数轴上，数学"1"的前面是"0"，因此，我们将那些比一等星亮2.5倍的星星称为"零等星"，以此类推，再就是"负等星"，如"负1等星""负2等星"等。

不过，还存在一种情况，也有一些星星，它们的亮度并没有达到一等星的2.5倍，可能是1.5或者2倍，此时，该怎样表示呢？

我们可以回到数轴线上，对于这些星星，它们将位于数字0和1之间，那么，我们可以用小数来表示星等。比如，"0.6等星""0.9等星"。

0、负数和小数都能用来表示星等，这样做的目的是方便计算，这也是一个统一的表示星等的方法，这样，任何星体的星等都能用数字精确地表示出来。

下面，我们来举几个例子说明一下。

比如，我们都知道 天空中最亮的恒星是天狼星，它的星等是"负1.6等"，南半球才能看到的老人星的星等是"负0.9等"，北半球最亮的恒星——织女星的星等是0.1等。

当然，不同星星的星等还有很多，下面，我们列表说明：

恒星	星等	恒星	星等
天狼（大犬座 α 星）	−1.6	参宿四（猎户座 α 星）	0.9
老人（南船座 α 星）	−0.9	河鼓二（二鹰座 α 星）	0.9
南门二（半人马座 α 星）	0.1	十字架二（南十字座 α 星）	1.1

恒星	星等	恒星	星等
织女（天琴座 α 星）	0.1	毕宿五（金牛座 α 星）	1.1
五车二（御夫座 α 星）	0.2	北河三（双子座 β 星）	1.2
大角（牧夫座 α 星）	0.2	角宿一（室女座 α 星）	1.2
参宿七（猎户座 β 星）	0.3	心宿二（天蝎座 α 星）	1.2
南河三（小犬座 α 星）	0.5	北落师门（南鱼座 α 星）	1.3
水委一（波江座 α 星）	0.6	天津四（天鹅座 α 星）	1.3
马腹一（半人马座 α 星）	0.9	轩辕十四（狮子座 α 星）	1.3

从上表列出的这些星等来看，在星等中确实存在0.9等、1.1等的星星，而恰好为1等的星星反而没有。因此，我们可以说，一等星只是一个亮度的标准，只是为了方便我们计算和研究。

我们还可以进行下面的计算：计算一颗一等星相当于多少颗其他星等的星呢？

在下表中，我们给出了答案。

星等	颗数
二等	2.5
三等	6.3
四等	16
五等	40
六等	100
七等	250

续表

星等	颗数
十等	4000
十一等	10000
十六等	1000000

除了上面表格中列出的这些关系，我们也可以就一等星以上的星星给出相应的关系，比如老人星是负0.9等，它的亮度是一等星的$2.5^{1.9}$倍，也就是5.7倍，南河三星的星等是0.5倍，也就是说，它的亮度是一等星的$2.5^{0.5}$倍即1.6倍。天狼星是负1.6等，它的亮度是$2.5^{2.6}$倍，也就是10.8倍。

最后，我们再来谈谈六等以后的星星。前面，我们曾说，六等星是我们用肉眼能看到的星星，那么，七等星呢？

这类星星是我们必须借助望远镜才能看到的。可以说，望远镜的功能是很强大的，最多能帮助我们观察到十六等星。因此，如果我们将之前提到的问题改为"望远镜可见"，那么，全部星空的亮度大概相当于1100个一等星（或者一个负6.6等星）。

不过，我们需要明白的一点是，我们按照星星的星等对恒星进行划分，但划分标准是按照我们的视觉来进行的，而不是根据星体本身的亮度和物理特性得出的，有些星星本身可能并不发光，但是因为距离我们较近，所以看起来很亮，反过来也是如此，有些本身可能非常亮，但被我们划分为较低的星等。

用望远镜来看星星

我们都知道，随着科学技术的发展和人类天文学的发展，浩如烟海的宇宙逐渐对人类揭开了面纱，尤其是借助望远镜，物镜的精准性更高了，且物镜的精准性与物镜的大小成正比，也就是说，物镜越大，可以捕捉到的细节越细致。

实际上，望远镜的原理与光线进入我们眼睛的原理是一样的，将二者进行比较，我们就知道望远镜是如何工作的了。

我们用肉眼观察时，瞳仁的平均直径大概是7毫米，如果一个望远镜的直径是10厘米，那么，通过物镜的光线将是通过瞳孔的 $\left(\dfrac{100}{7}\right)^2$ 倍，这个数值大概是200。望远镜的物镜比较大，因此，我们用望远镜观察星体时，看到的星体的亮度也就增加了很多。

不过，我们需要指出的是，此处所说的只适用于观察恒星，而行星则不适合，我们在观察行星时，看到的是一个圆面，而这无疑给我们的研究增加了难度：我们在计算行星的亮度时，就必须将望远镜的光学放大率考虑在内。

接下来，我们就看一下用望远镜观察恒星的情况：

根据上面的知识，我们可以根据已知望远镜的物镜直径计算出它最多能看到哪一等星，反过来，假设我们想要观察某一等星，可以根据星等计算出望远镜所需要的物镜直径，比如，假如我们想要看到15等以内的星星，那么，所观察的工具望远镜的直径必须大于64厘米，那么，如果我们想要看到16等的星体呢？物镜的直径有什么要求呢？

接下来是一些运算：

$$\left(\frac{x}{64}\right)^2 = 2.5$$

这里，x是我们要求的答案——物镜直径，我们很容易得出答案：

$$x = 64\sqrt{2.5} \approx 100 \text{厘米}。$$

也就是说，我们如果想要看到16等星，那么，我们对望远镜的物镜直径要求最少是1米。根据推算，如果我们想要将看到的星等提高1等，那么，所需要的望远镜的物镜最少需要增加到原来的$\sqrt{2.5}$倍，也就是1.6倍。

🛸 计算太阳和月球的星等

前面，我们计算了恒星的星等，其实，行星也有星等，其中也包括太阳和与月球，那么，太阳和月球的星等是多少呢？在本节中，我们就来讨论这一问题。

其实，我们计算恒星星等的方法也能拿来计算太阳和月亮，但是相对于恒星来说，后者的计算难度要大多了。

其实，天文学家已经给出了太阳的星等——负26.8星等，而满月时月球的星等是负12.6星等。

前面，我们也曾提到过最亮的恒星是天狼星，那么，太阳的亮度是天狼星的多少倍呢？根据前面的公式，我们可以得出它们的比率：

$$\frac{2.5^{7.8}}{2.5^{2.6}}=2.5^{25.2}=10000000000$$

也就是说，太阳的亮度大概是天狼星的100亿倍。

这一答案很直观地告诉我们太阳要比天狼星亮得多，太阳和月球的亮度相比，又是多少呢？

我们都知道，太阳的星等是负26.8等，也就是说，太阳的亮度是一等星的$2.5^{27.8}$倍，满月时月球的星等是负12.6等，也就是满月时月球的亮度是一等星的$2.5^{13.6}$倍，这样算下来，我们就能计算出，太阳的亮度是满月的$\frac{2.5^{27.8}}{2.5^{13.6}}=2.5^{14.2}$倍。

在对数表上，我们根据这一结果，能查阅出最终的结果447000，也就是说，在晴天无云时，太阳的亮度是月球亮度的447000倍。

接下来，我们再来谈谈太阳和满月的反射的热量。我们都知道，光线会带来热量，而且这一热量还跟它的反射的光线成正比，月球反射到地球上的热量等于太阳照射来的$\frac{1}{447000}$。在已知地球大气的边界上行，平均每平方厘米面积每分钟能得到的太阳热量大概是2卡。这样，我们可以推算出，平均一分钟反射到地球上1平方厘米面积的热量不超过1卡的$\frac{1}{220000}$。

因此，我们可以说，这一点月光对地球上的大气根本起不了多少影响，不过，太阳倒是对地球上的四季变化与气候影响极大，同时，也对我们人类的生存与生活影响极大。

我们都知道，月光能消散云层，为此，有人认为，月亮也含有能量且对地球影响很大，不得不说，这种观点失之偏颇。夜晚，因为月光的存在，我们看到了云层在发生变化，但这并不意味云层的变化是因为月光的作用。

一些人对月亮情有独钟，在他们看来，夜晚月亮如此美丽，且月亮一直是文人墨客一直以来争相赞美的对象。

🛸 最亮的恒星

在浩如烟海的宇宙中，最亮的星星是哪颗呢？是太阳吗？还是北极星呢？任何问题我们都不能只靠主观猜测，而应该找到科学依据，目前，根据科学家们的观测，天文学家们发现，剑鱼座S是最亮的星星。

剑鱼座S的绝对星座超过负10等，它位于南边，我们在北半球的温带地区是看不到它的，因为距离太远了，剑鱼座S是在大麦哲伦云的里面，大麦哲伦云跟我们的距离是天狼星跟我们距离的12000倍，它并不属于太阳系，而是属于另外一个星系。

前面，我们已经分析过天狼星的星等和亮度，此处，为了能帮助我们更直观地了解剑鱼座S，我们将其与天狼星进行比较：如果将剑鱼座S放于天狼星的位置，它的亮度是天狼星的前9等，大概与上弦月和下弦月的亮度差不多，反过来，如果将天狼星放在剑鱼座S星的位置，那么，它只有17等的亮度，也就是说，即便是最强大的望远镜，我们也不可能清晰地看到它。

剑鱼座S是亮度非常强的星体，那么，到底有多强呢，最直观的莫过于将它与太阳相比，经过推算，我们发现，剑鱼座S的亮度大约为太阳的100000倍。因此，我们可以说，在我们已经发现和了解的已知宇宙星体中，剑鱼座S绝对是最亮的星体。

不同星球天空中各大行星的星等

前面，我们分析的是地球上可以看到的各星体的亮度，接下来，我们来讨论一下太阳系中各个行星上能看到的其他天体的亮度。不过，在讨论之前，我们需要了解各个行星在最亮时的星等。

如下表所示。

行星	星等
金星	−4.3
火星	−2.8
木星	−2.5
水星	−1.2
土星	−0.4
天王星	+5.7
海王星	+7.6

从上表中，我们找到关于为什么我们在白天就能看到金星和木星的答案，并且，我们也了解到，最亮的是金星，与木星相比，它是其亮度的$2.5^{1.8}=5.2$倍，金星的亮度是天狼星的

$2.5^{2.7}=11.87$倍，即使是土星，也比天狼星和老人星之外的其他恒星都要亮很多。

下面，我们列了几个表格，分别表示了金星、火星以及木星的天空能看到的天体的亮度。

在金星的天空中其他天体的亮度：

天体名称	星等	天体名称	星等
太阳	−27.5	木星	−2.4
地球	−6.6	月球	−2.4
水星	−2.7	土星	−0.5

在火星的天空中其他天体的亮度：

天体名称	星等	天体名称	星等
太阳	−26	木星	−2.8
卫星福波斯	−8	地球	−2.6
卫星戴莫斯	−3.7	水星	−0.8
金星	−3.2	土星	−0.6

木星的天空中其他天体的亮度：

天体名称	星等	天体名称	星等
太阳	−23	卫星4	−3.3
卫星1	−7.7	卫星5	−2.8
卫星2	−6.4	土星	−2
卫星3	−5.6	金星	−0.3

我们从行星各自的卫星上看行星，发现卫星福波斯天空

的满轮火星是最亮的，星等是−22.5，卫星5天空看到的满轮木星的星等是−21，然后是卫星弥玛斯天空的满轮土星的星等是−20，其亮度大概是太阳的$\frac{1}{5}$。

再接下来，我们给出在各行星上相互看到的亮度表。

序号	行星	星等	序号	行星	星等
1	水星天空的金星	−7.7	8	金星天空的水星	−2.7
2	金星天空的地球	−6.6	9	水星天空的地球	−2.6
3	水星天空的地球	−5	10	地球天空的木星	−2.5
4	地球天空的金星	−4.4	11	金星天空的木星	−2.4
5	火星天空的金星	−3.2	12	水星天空的木星	−2.2
6	火星天空的木星	−2.8	13	木星天空的土星	−2
7	地球天空的火星	−2.8			

我们从列表中可以发现，在这几大行星的天空中，最亮的是水星天空的金星，其次是金星天空的地球和水星天空的地球。

🛸 为什么望远镜无法将恒星放大

望远镜是我们经常拿来观察天体的器材，但我们发现，我们观察行星时，行星会在望远镜里被放大，但恒星则不会，反而被缩小，在望远镜中呈现出一个没有圆面的光点。

其实，我们的前人也早就这一现象发出了疑问。其中，就有天文学家伽利略。他是第一位使用望远镜的科学家，他曾将这一现象记录了下来。

"如果用望远镜观察行星和恒星，情况是不同的。我们看行星，会发现它是个圆面，就好比一个小月亮，它轮廓清晰；但我们观看恒星，则发现它很模糊，甚至看不清它的轮廓，望远镜只是让它看起来更亮了些。在亮度上，5 等星与6等星与天狼星的差别很大。"

我们要想回答这一问题，就需要再来回顾一下前面我们提到的视网膜成像的原理：

当一个人远离我们时，他在视网膜上的成像会变小，而当他足够远时，他的头部和脚部在视网膜上的像就变成了一个点。

其实，望远镜的工作原理也是如此，因为恒星距离我们很远，所以，我们从望远镜中看到的恒星就变成了一个点，而望远镜并没有改变恒星的大小，只是我们看到它的亮度增加了不少。

我们在观察物体时，如果视角小于1'，就会出现我们在上面所说的现象，但如果我们使用了望远镜，就能将所看到事物的视角放大，将物体上的细节延展到视网膜上相邻的神经末梢。因此，人们常说的"望远镜的放大倍数是100倍"意思是，我们在通过这个望远镜观察时，物体的视角会放大到肉眼的同样距离时的100倍。

不过，如果观察者和被观察物体之间的距离非常遥远，且放大后的视角依然小于1'，即便借助望远镜，也是无法观察到物体的。

按照我们所给出的理论与分析，假如我们站在月球上，且距离很远，我们观察一个物体，我们要使用的望远镜是1000倍的，而要想看清楚物体的细节，其直径必须要达到1000倍，而假如换成太阳，物体的直径必须最少要达到40千米，而如果用同样的望远镜观看距离我们最近的恒星，那么，恒星的直径则必须要达到12000000千米，这是一个很庞大的数字，要知道，即便是太阳的直径，也才是它的 $\frac{1}{8.5}$，如果我们将太阳代替这一恒星再使用望远镜观察的话，那么，我们观察到的就只是一个小点了。

即便是使用再强大的望远镜，如果我们将距离这颗星最近的恒星看成一个圆面，那么，它的体积也至少是太阳的600倍才行。同样，如果有一个恒星与天狼星距离相同，那么，我们要想在望远镜中看到一个圆面，这颗恒星的体积最少应该是太阳的500倍。不过，我们要知道，大多数恒星要比天狼星远多了，并且，体积也比太阳小太多，所以，即便使用最强大的望远镜，我们还是只能看到一些光点。

接下来，我们再来讨论一下行星，在观测行星时，天文学家只会选择那些中等放大率的望远镜。这是因为，望远镜在放大物体的同时，也会将光线分散到更大的面积上。因此，我们在使用望远镜观察太阳系的一些大的天体时，放大镜的倍数越大，天体的圆面越大，成像也就越大，天体的亮度也就被削弱得越严重，我们也就更难看清天体表层的细节。

可见，望远镜也有如此多的缺点，既然如此，我们为什么在观察恒星时，还要用望远镜呢？这是因为：

第一，恒星的数量庞大，如果我们只是用肉眼观察，只能观察到一部分，而且，尽管望远镜观察恒星不能使之放大，但是能增强其亮度，这样天空中的恒星我们也就能尽收眼底了。

第二，我们用肉眼观察，眼睛会受到很多限制，而且会被一些假象迷惑，比如，我们用肉眼看到某处一颗星星，如果我们用望远镜看的话，则也许会发现是双星、三合星或者更复杂的星团。虽然我们借助望远镜不能放大恒星的直径，但可以放大它们之间的视距。

所以，对于那些非常遥远的星团来说，如果我们仅凭自己的肉眼观察的话，可能什么都看不见，或者只能看到一个光点，但是借助望远镜，我们就能清晰体看到它的组成部分，如图59所示。

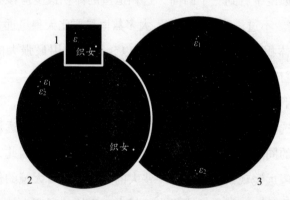

图59　不同观测状态下织女星附近的一颗恒星

在这一图中，1是用肉眼看到的织女星附近的一颗恒星，而2则是使用双筒镜观察到的，3则是使用望远镜观察到的。

测量恒星的直径

　　我们经常提到恒星的大小问题，不错，在1920年以前，人们都是靠自己的主观猜测，人们通常会以太阳为标准来进行比较，然后给出一个平均值，因为在他们看来，测量恒星是不可能做到的事。

　　不过，1920年以后，伴随物理学的发展，天文学也迎来了新的发展，天文学家们也找到了如何测量恒星直径的方法。

　　其实，只要根据光的干涉现象，就可以进行测量。我们先来看看下面的实验：

　　所需器材：

　　一架放大率为30倍的望远镜，一个距离望远镜10~15米的光源；一张割了直缝的幕布，这条缝的宽度大概是十分之几毫米；一个不透明的盖子，用来盖住物镜；在它上面沿水平线和物镜中心对称的地方扎两个圆的小孔，圆孔距离为15毫米，直径为3毫米，如图60所示。

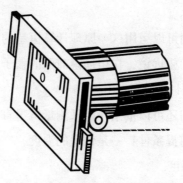

图60　测量恒星直径的干涉仪器

那么，这一实验如何展开呢？

第一步：不给物镜盖盖子，用幕布遮住光源，通过望远镜观察，我们会看到一条狭窄的缝，在它的两边，能看到暗弱的条纹；

第二步：将物镜盖上盖子，此时，我们能从中间那条狭窄明亮的狭条上看到很多垂直的黑暗条纹，而如果将盖子上的小孔遮住，这些条纹就看到了。这是因为，盖上的两个小孔会对射过来的光束起到干涉作用，我们看到的就是条纹了。

在这一实验中，假如我们物镜前的那两个小孔能移动，也就是说，如果小孔中间的距离能任意改变，那么，我们看到的将会是不同的现象，比如，如果这一距离变大，我们会慢慢看到黑色条纹，当这一距离达到一定的程度时。条纹反而看不见了。

当条纹消失时，我们要记下两个小孔之间的距离，然后据此判断出观察者所看见的直缝视角的大小，在此基础上，我们可以根据幕布上直缝与观察者之间的距离，以此来计算出直缝的真实宽度。

同样，我们可以运用这一原理计算恒星的直径。我们需要一个最大倍数的望远镜，在望远镜前面的盖子上，我们可以先扎出两个位置可以变化的小孔。

另外，我们还可以根据光谱来测量恒星直径，不过，这一方法需要三个前提条件：一是恒星的温度，二是恒星的距离，三是恒星的视亮度。

这一方法是：根据恒星的光谱，天文学家可以计算出恒星的温度，再根据恒星的温度及算出单位平方厘米的表面辐射接受到的能量。在已知恒星的距离和视亮度时，就能计算出它全部表面的辐射量了，再用这一数值除以1平方厘米表面的辐射量，这样，我们就能计算出恒星表面的大小了，最后，推算出恒星的直径也就是水到渠成的事了。

按照这一方法。科学家们已经算出了很多恒星的直径了，比如，织女星的直径大概是太阳的2.5倍，参宿四的直径大约是太阳的360倍，天狼星的直径大概是太阳的2倍，而其伴星大概是太阳直径的2%。

🛸 恒星中的"巨人"

前面，我们分析了恒星直径的算法，据此，我们也就能算出恒星的体积，我们在算出来这些数值后，一定惊讶于恒星的庞大。

1920年，天文学家们算出了第一个恒星的体积——猎户座α参宿四，它的直径比火星轨道的直径还要大，这一点，科学家们都感到惊讶。

后来，天文学家们又计算出了天蝎座中最亮的主星心宿二的直径大概是地球轨道直径的105倍，如图61所示。

此后，人们还算出了鲸鱼座中一颗星的直径，它的直径竟然是太阳的330倍。

在推算出了这些巨星的体积后，科学家们又对它们的物理

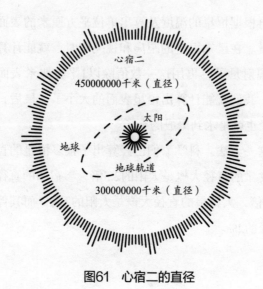

图61 心宿二的直径

结构进行了分析，结果发现，虽然它们体积看起来大，但里面的构造却非常松软，一些天文学家甚至形象地称"这就像密度比空气小得多的大气球"。我们以参宿四为例，它的质量是太阳的几倍，但是体积却是太阳的40000000倍，这样，它的密度之小便不言而喻了。

 不可思议的计算结果

不知你是否考虑过一个问题：

如果将天空中的恒星全部放在一起拼接起来，它们的面积会有多大呢？

你知道问题的答案后一定会觉得不可思议，答案就是：它们的视面积加起来在天空中和一个直径为0.2的小圆面积差不多。

下面，我们就这一问题进行探讨：

前面，我们说过，如果将望远镜里全部的恒星加起来，它们的光辉相当于一个负6.6等星。这样一个星等，其亮度比太阳暗20等，也就是说，太阳光辉的强度是负6.6等星的100000000倍。

现在，我们不妨来做个假设：所有恒星温度的平均数等于太阳表面的温度，为此，我们就能算出这个星的视面积是太阳的 $\frac{1}{100000000}$，因为圆的直径与其表面积的平方根成正比，所以，这个星体的视直径就是太阳直径的 $\frac{1}{10000}$，表示为算术式就是 $30' \div 10000 \approx 0.2'$。

因此，从这个结果我们能看出，如果将所有的恒星合起来，它的面积只有整个天空的200亿分之一。

极重的物质

假如我们给你一个杯子，你会觉得很轻便，但是假如这个杯子中装满水银就会非常重，简直超出我们的想象，这是因为水银的密度非常大。对此，一些人提出疑问，在宇宙中，是否也存在这样密度大、很重的物质呢？答案是肯定的。接下来，我们对此进行探讨。

在宇宙中，最重的星星是天狼星附近的一颗小星星。天狼星的运行轨迹并不是一条直线，而是曲线，如图62所示。

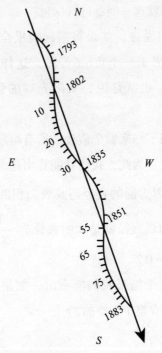

图62　1793~1883年天狼星在众多星体间所走的弯曲路线

为此，科学家们产生了浓厚的兴趣，并对其开始展开研究。

1844年，德国著名的天文学家贝塞尔提出一点：天狼星周围肯定存在一个伴星，而正是因为它的存在，天狼星的运行轨迹才成为一条曲线。不过，直到他去世，他的这一推论都未被证实。直到1862年，天文学家通过望远镜发现了这颗伴星的存在。

后来，人们对这颗伴星的研究越来越深入，这颗伴星被越来越多的人认识和了解，而且，人们还发现，它身上存在了一种奇特的现象，甚至让人不可思议：这颗星星所含的物质，比同体积的水要重差不多60000倍。一杯这些物质重达12吨，要用一节货运火车才能运输。

天文学上，将发现这颗伴星称为"天狼B"星，它围绕其主星旋转一周所需要的时间是49年，它的星等只有8~9等，也就是说，它是一颗暗星。但是这样一颗星星，它的质量却非常重，差不多是整个太阳的0.8倍，与主星的距离大概等于海王星到太阳的距离，也就是相当于从地球到太阳的20倍，如图63所示。

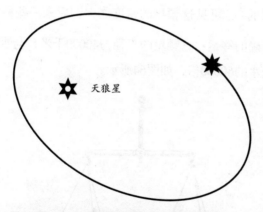

图63　天狼星伴星绕天狼星的轨道

我们将其与太阳比较，发现如果将太阳放到天狼星的位置上，太阳的星等是3等，如果将这颗星放大，使之表面积跟太阳表面积之比等于二者质量之比，那么，这颗星的亮度就会发生变化——不是8~9等，而是4等星。

对于这颗星的亮度，一开始，人们认为，一定是它的表面温度太低了，所以看起来很暗，并且，在这颗行星的表面覆盖着一层固体的壳，因此，这颗星被人们称为冷却的太阳。一直以来，人们都认可这种看法，但直到最近十几年，人们才发现，虽然这颗星不够亮，但却并不是冷却的太阳，实际上，它表面的温度甚至比太阳还高，之所以看起来比较暗，是因为其表面积比较小。

在研究和计算中，天文学家发现这颗星发出的光是太阳的 $\frac{1}{360}$，而根据光与半径的关系，我们得出，它的半径应该是太阳的 $\frac{1}{\sqrt{360}}$，也就是 $\frac{1}{19}$。它的体积是太阳的 $\frac{1}{6000}$，而质量却达到了太阳的 $\frac{4}{5}$，可见这颗星的密度之大，后来一些科学家给出了更为精确的答案：这颗星的直径为40000千米，与水相比，它的密度是水的60000倍，如图64所示。

图64　天狼星伴星的物质质量

这一图告诉我们，几立方厘米天狼星伴星上的物质，相当于三十几个成人的重量。如此大的密度，是天文学家从未想到过的。

开普勒曾说："警惕些吧，物理学家们，你的领域要被侵犯了。"这句话放到这一问题上特别贴切。在固体状态下，普通原子中的空间已经非常小了，再对里面的物质进行压缩已经几乎不可能。即便是现在，这样的密度也让人叹为观止。

对于这一问题，物理学家们进行了分析，它们认为，这种情况只能找到一种原因，就是所谓的"残破的原子"，失去了绕核转动的电子。从大小上来说，一个普通的原子跟一个原子核相比，就如同一栋高楼大厦与一只蚊子相比。原子的质量最主要在原子核上，电子几乎没有质量，如果原子失去了电子，它的直径大概会缩小到原来的$\frac{1}{1000}$，但它的质量几乎不会减少。

因此，在受到极大压力的情况下，作为核心的原子核会以惊人的幅度相互靠近，这种幅度很大，甚至达到了普通原子间的几千分之一，因此，星球的密度就会非常大。

在这一领域内，科学家们的研究不断深入，科学家们发现，这类物质其实有很多，比如，在宇宙中，有一颗12等星，它的大小并不比地球大，但它所含物质的密度居然达到了水的400000倍，甚至比"天狼B"的密度还要大。

不过，科学家们还发现了密度更大的星。1935年，天文学家在仙后座里，发现了一颗13等星，这颗星的体积大概是地球的1/8，但质量竟然是太阳的2.8倍。也就是说，每立方厘米这种物质的质量是36000000克，是我们上面所提到的"天狼B"星的500倍。

我们已经知道，原子的直径是原子核的1×10^{-6}，所以它的体积不会超过原子体积的1×10^{-12}，从理论上来说，如果物质和只有原子核，那么，我们提到的这种密度的星体是存在的。比如说，1立方米金属所含的原子核体积大概是$\frac{1}{10000}$立方毫米，如果所有的质量都集中在如此小的体积的物质上，那么，这种物质的密度就会非常大，我们通过推算得出，1立方厘米的这种物质的原子核大概重1000万吨，如图65所示。

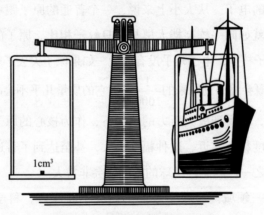

图65　1立方厘米的原子核重量

宇宙是神奇的，还有很多未被我们开发和了解的部分，在很多年前我们认为的不可能的事，在科学的发展和人们视野的扩大中，都变成了可能。就比如说，在这之前，人们认为比白金密度大的物质不存在，但很明显，这种说法被推翻了。

为什么叫"恒星"

　　天文学上，"恒星"和"行星"是两个基本的概念，这两个概念的命名也能从根本上说明二者的区别，比如，"恒"的意思是稳定的、恒定的、不变的，而"行"的意思是变化的，恒星指的是相对静止和稳定的星体，而行星则是运转的。不过，我们也不能断定恒星就不会运动，比如，恒星会参与天空中环绕地球进行昼夜升沉的运动，但即便如此，也未能改变它们固有的位置。

　　其实，在宇宙中，恒星都在参与相对运动，也包括我们的太阳，而且，运动速度并不比行星慢，其平均速度大概是30千米/秒。可见，恒星也不是静止的，另外，我们发现了一颗恒星，它与太阳的相对速度为250~300千米/秒，被人们称为"飞星"。

　　一些人质疑，为什么我们感受不到恒星的运动呢？并且，当我们仰望天空的时候，总是看到它们悬在同一个位置上，无论是过去还是现在，甚至千百年过去，似乎都没有什么变化，怎么可能疯狂运动呢？

　　其实，原因很简单，因为这些恒星距离我们太遥远了。生活中我们都有这样的体验：我们站在高楼上看楼下奔跑的人，感觉此人速度很慢，以为是在散步，但是你同样站在楼下，就能感受到他在奔跑了。

　　同样，恒星也是如此，恒星距离我们太远了，以至于我们无法感受到它的运动。

我们肉眼能够看到全天最亮的恒星是天狼星，它距离地球有8.6光年，亮度是太阳的25倍。

在经过无数次测量和推算后，天文学家们发现了星体的移动，并得出了一些结论，如图66~图68所示。

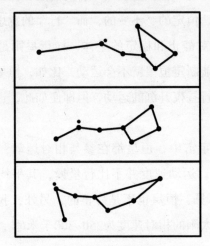

图66　星座的运行变化十分缓慢

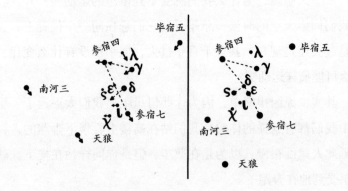

图67　猎户座的运动方向

注　左图是现在的状态，右图是53年后的状态。

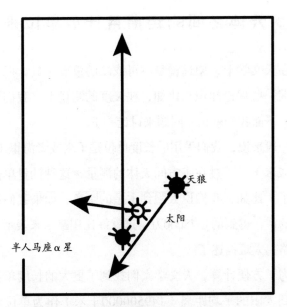

图68　三颗相邻的恒星的运动方向

在图66～图68中，图66中星座运行得十分缓慢，从上到下分别是大熊星座10万年前、现在和10万年后的形状。

图67是猎户座的运动方向，从左到右分别是现在和5万年后的状态。

图68展示的是相邻的恒星——太阳、半人马座α星和天狼星的运动方向。

不过，"恒星是永恒不动的"这句话，我们也不能断然认为就是错误的，因为用肉眼观看，确实是恒定不动的，并且，即便这些恒星一直在飞速运动，它们也几乎不会相遇。

天体之间的距离用什么单位来表示

在天文学上，望远镜是不可或缺的重要工具，但我们同样要掌握一些理论知识，比如，在长度的测量上，我们该如何计量呢，下面我们就这一问题来讨论一下。

一般来说，我们采用的长度单位是千米或者海里（1海里约为1852米），不过在宇宙间天体的测量，这种计量单位就并不合适了。比如，我们说太阳到木星的距离，如果我们用千米来换算的话，得到的是78000万，这就好比用毫米来表示一条铁路的长路，太难描述了。

为了方便计算，天文学家们找到了更大的长度单位——将地球到太阳的平均距离（149500000千米）作为单位，这就是"天文单位"，这样在计算的时候就方便多了，也不用顾虑总是少算了一个0，按照这样的计量单位换算，我们发现，木星到太阳的距离是5.2，水星是0.387，土星是9.54。

不过，这一单位仍然有局限，那就是只在太阳系适用，如果是太阳到别的恒星的距离，依然太小。比如，我们都知道，半人马座是离我们最近的一颗恒星，如果我们用前面的计量单位来表示的话，就是260000，这个数字依然不方便。并且，很多恒星比半人马座到地球的距离远多了，在这样的情况下，新的计量单位——"光年"和"秒差距"应运而生。

光年是长度单位，1光年表示光在宇宙真空中沿直线传播了一年时间的距离，一般被用于衡量天体间的时空距离，为9460730472580800米。

　　秒差距是一种最古老的，同时也是最标准的测量恒星距离的方法。它是建立在三角视差基础之上的。以地球公转轨道的平均半径（一个天文单位）为底边所对应的三角形内角称为视差。当这个角的大小为1秒时，这个三角形（由于1秒的角的所对应的两条边的长度差异完全可以忽略，因此，这个三角形可以想象成锐角三角形，也可以想象成等腰三角形）的一条边的长度（地球到这个恒星的距离）就称为1秒差距。

　　这里，我们要提出一个概念——周年视差，是地球绕太阳一周所产生的视差。当恒星与太阳的连线垂直地球轨道半径时，恒星对日地平均距离a所张的角用θ表示，叫恒星的周年视差。

　　由于恒星的周年视差都小于1角秒，所以(使用弧度制)$\sin\theta \approx \theta$。如果我们用角秒表示恒星的周年视差的话，那么恒星的距离$r=\dfrac{a}{\theta}$(使用弧度制)。

　　通常，天文学家把日地距离a称作一个天文单位(A.U.)。只要测量出恒星的周年视差，那么它们的距离也就确定了。天文单位其实是很小的距离，于是天文学家又提出了秒差距的概念。也就是说，如果恒星的周年视差是1角秒（$1°$的$\dfrac{1}{3600}$），那么它就距离我们1秒差距，1秒差距大约就是206265天文单位。

　　现代天文学使用三角视差法大约可以精确地测量几百秒差距内的天体，再远就无法测量了。

　　下面，我们看看这几颗恒星的距离如何用秒差距和光年表示。我们先来下面的表：

恒星名称	秒差距	光年
半人马座α星	1.31	4.3
天狼星	2.67	8.7
南河三	3.39	10.4
河鼓二	4.67	15.2

这些恒星离我们的距离并不是很远，如果将这些单位换算成千米的话：我们应该先将第一列中的各个数乘以30，然后在得出的数字后面加上12个0。

除了我们说的光年和秒差距外，还有个千秒差距。之所以运用这个单位，是因为光年和秒差距不够用。通过推算，我们可以得出，一千秒差距相当于3.08568×10^{16}千米，如果用千秒差距来表示银河系的直径的话，换算出的数值大概30，而我们距离仙女座星云大概是205千秒差距，可见，用这种计量单位来表示就简单方便多了。

不过，随着天文学研究的逐渐深入，上面说的这些单位依然不够用，于是，新的计量单位又出现了，比如，百万秒差距，各个天文单位之间的关系是这样的：

1百万秒差距=1000000秒差距

1千秒差距=1000秒差距

1秒差距=206265天文单位

1天文单位=149500000千米

那么，百万秒差距到底有多长？

如果我们将1000米缩小到头发粗细，那么，百万秒差距就相当于1.5×10^{12}千米，这一数值大概是地球到太阳距离的1万倍。

我们打一个形象的比喻，我们知道，蛛丝随着长度的增加，质量也会增加，如果莫斯科和圣彼得堡之间有一条蛛丝，那么，它的质量大概是10克，如果从地球和月球之间有一条蛛丝，那么，蛛丝则是8千克，而从地球到太阳的蛛丝则是3吨。但如果这条蛛丝的长度是一百万秒差距那么长，那么，它的重量就是600000000000吨。

🛸 离太阳最近的恒星系统

前面，我们提到过，距离太阳最近的恒星是飞星和半人马座α星，飞星属于蛇夫座，只是一个9.5星等的小星。它也能算作北天中距离我们最近的恒星，距离大概是半人马座α星的1.5倍。那么，它为什么被我们称为飞星呢？

这是因为它运动的时候与太阳成一定的倾斜角，而且很快，在一万年中，它会两次逼近地球，而那个时候，它比半人马座α星距离就近多了。

其实，人们早就观察到半人马座α星了，只是一直对它没有全面的认识。过了很久，人们才发现半人马座α星是双星。近些年来，人们又在半人马座α星周围发现一颗星等为11等的星，于是，形成了一个三合星。

至此，我们才真正全面了解这颗星，即便后来发现的第三颗星距离另外两颗大于2°，但这三颗星方向一致、速度相同，因此，我们将它们看作是一个整体。

关于第三颗星，人们还给它取名比邻星，在半人马座 α 星的这三颗星中，比邻星与我们最近，与另外两颗星距离我们近约2400天文单位。这三颗星的视差分别是：

半人马座 α 星A和B：0.755

比邻星：0.762

不过，如图69所示，这个三合星的形状看起来很奇怪，这是因为它们之间的距离太大了，A星和B星之间距离达到了34天

图69　半人马座 α 星中的A星、B星和比邻星

文单位。而比邻星和它们的距离大概是13光年。

A星和B星围绕三合星旋转一周需要79年，而比邻星是100000年以上，在运动过程中，它们会发生位置的变化，不过这一变化很小，所以，比邻星还是离我们最近的星，且短时间内A星和B星很难完成超越比邻星的任务。

其实，无论是从亮度、直径还是质量上，半人马座α星中的A星都比太阳还大一些，而B星的质量则比太阳小一些，如图70所示。

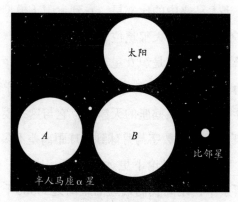

图70 半人马座α星中的三颗星和太阳的大小对比图

B星的亮度只是太阳的$\frac{1}{3}$，直径是太阳的$\frac{6}{5}$，表面温度是4400℃，比邻星的颜色是红色，表面温度是太阳的一半，也就是3000℃，直径介于土星与木星之间，质量却大得多，大概是它们的几百倍。

比邻星到A、B两星的距离是冥王星到太阳距离的60倍，是土星到太阳距离的240倍，而大小却与土星差不多。

🛸 宇宙的比例尺

我们用直径为10厘米的网球表示太阳，直径800米的圆表示太阳系，用枕头表示地球。接下来的讨论中，我们就运用这一比例尺，此处，我们用"千千米"作为计量单位，此时，地球的圆周长我们就能算出来——40，地球到月球的距离是380。下面，我们将这一模型放到地球之外看看。

我们先来看看离我们较近的地方，前面说过，距离我们最近的恒星是半人马座中的比邻星，它到太阳（模型中的网球）的距离是2600千米，而天狼星位于5400千米之外，河鼓二距离它9300千米，再远一点是织女星，它与这个模型距离22千千米距离，大角是28千千米，五车二是32千千米，轩辕十四是62千千米，再远一些是天鹅座的天津四，它与这一模型的距离超过了320千千米，这个数字与月球到地球距离差不多。

下面，我们再来讨论下更远的距离，比如，在这个模型中，在银河系中，距离我们最远的距离是30000千千米，这是月球到地球距离的100倍，但对于银河系以外的其他星系，我们仍然可以借助这一模型。比如，仙女座星云与麦哲伦云很亮，即使是在夜间，我们也无须借助望远镜就能看到。在这一模型中，小麦哲伦云的直径是4000千千米，大麦哲伦云的直径是5500千千米，它们到整个银河系模型的距离是70000千千米，而仙女座星云的直径更大，约为60000千千米，银河系模型是500000千千米，也就是说，这几乎是我们到木星的真实距离。

以上我们分析这么多，相信大家对这个模型有了深刻的认识了，不过现代天文学研究的远不止这些，除了我们说的仙女座星云和麦哲伦云外，还有银河系以外的很多恒星，也是我们说的河外星云在，它们距离太阳大概600000000光年，总的来说，运用这一模型，能帮我们与宇宙的大小有一个全面的把握和了解。

第 5 章

万有引力

垂直向上发射的炮弹会落到哪里

曾经有人提出过这样一个问题：如果我们在赤道上用一门大炮竖直向天空发射一枚炮弹，那么，这枚炮弹最终会掉落在哪里呢？

关于这一问题，第一次是出现在一本杂志上，当时引起了人们的激烈讨论。现在，我们就假设发射了这样一枚炮弹，一开始的速度是8000米/秒，且向上垂直发射，那么，70分钟后它所达到的高度正好是地球的半径，也就是6400千米，下面我们来看看该杂志对这一问题的评述：

"如果这枚炮弹在赤道上是垂直向上发射的话，那么，它从炮口发射出去的那一瞬间，便产生了一个自西向东方向的地球自转的速度，也就是465米/秒，所以，接下来，炮弹会以这个速度在赤道上空沿赤道进行这样的水平运动，而在发射的瞬间，它正上方6400米处的那一点，以2倍的运动速度沿着一个半径为地球半径2倍的圆周向前运动，很明显，它们的运动方向都是向东，而且6400千米处的那一点会比炮弹运动得更快一些，所以，炮弹达到的最高点并不是出发点的正上方，而是在出发点正上方的西边的某处。"

"同样，炮弹下落，也是这样的道理，炮弹从发射升空再到下落，会落到出发点西边距离出发点上千米的地方，也就是说，如果我们想要炮弹依然落在发射点就要让炮身倾斜5°，而不是垂直向上发射。"

不过，弗拉马利翁在他的《天文学》中谈到这一问题时，却给出了完全不同的看法：

"如果垂直向上发射一枚炮弹，那么，这枚炮弹最终会落到发射点，且会落入炮管中。在炮弹发射出去、进行上升和下落的过程中，虽然跟着地球运动，但是炮弹在上升的过程中，也会受到地球自转的影响，得到的自转速度是一样的，所以，二者并不冲突，如果它上升了1千米，那么，它同时也会向东运动6千米。"

"从空间上来看，炮弹的运行轨迹是一个平行四边形的对角线，且这个平行四边形的边长分别是1千米和6千米。炮弹在下落的时候会受到重力的作用，它这时的运动路线就是沿着这一平行四边形的另一条对角线，确切点说，它在下落过程中是加速运动，所以，运动轨迹也是一条曲线。正因为如此，炮弹最后会落到一开始发射的炮口中。"

不过，以上我们所说的两种推测只是理论情况，在现实情况下，我们很难实现，首先，我们很难找到如此精确的大炮。其次，我们也无法做到让大炮的炮口完全垂直。

17世纪时，就曾有两个人做过这一实验，它们分别是吉梅尔森和军人蒲其，不过，遗憾的是，最终，他们连发射出去的炮弹都没找到。在瓦里尼昂于1692年出版的《引力新论》的封面上，画着一座大炮，而在其旁边，站着两个人，他们一直仰望着天空……如图71所示。

图71 垂直向上发射炮弹的示意图

"后来，他们又做了很多次实验，但最后，他们发射出去的炮弹都没有找到，为此，他们对自己的实验做出了结论：炮弹留在了空中，永远不会回来了。在这一点上，瓦里尼昂竟然说：'发射出去的炮弹竟然一直悬在我们的头顶上，这太不可思议了。'后来，特斯拉斯堡也做了这样的实验，不过，在发射点几百米的地方，发现了炮弹，不过，无论怎样他们都失败了，主要原因是不可能使炮弹完全垂直发射。"

对于前面的问题，可以说答案不一，一些人认为炮弹会落在距离发射点很远的西边，一些人认为炮弹最终会落到炮管里，那么，到底哪一种说法是正确的呢？

其实，我们要说的是，两种说法都是错误的，正确的答案是会落到发射点西边的一个地方，但绝不会那么远，更不可能还会落到炮管里。

这一答案，我们能经过推算得出：

我们假设炮弹在发射出去时的速度是v，地球自转的角速度是ω，重力加速度是g，那么，我们大致能列出这样一个公式，以此来计算出炮弹最后的落地点到发射点的距离：

$$x=\frac{3}{4}\omega\frac{v^3}{g^2} \qquad\qquad (1)$$

在纬度上，

$$x=\frac{3}{4}\omega\frac{v^3}{g^2}\cos\varphi \qquad\qquad (2)$$

此处，前面的问题，我们已经能推算出：

$$\omega=\frac{2\pi}{86164}$$

$$v=8000米/秒$$

$$g=9.8m/秒^2$$

将它们代入公式（1）中，也就是$x=50$千米

因此，发出去的炮弹最终会落在发射点的西边，并且距离发射点50千米，而是前面说的4000千米。

上面的问题，如果我们将发射地点放在纬度48°靠近巴黎的一个地方，而不是赤道，炮弹发射时的速度是300米/秒，也就是：

$$\omega=2\frac{2\pi}{86164}$$

$$v=300米/秒$$

$$g=9.8m/秒^2$$

$$\varphi=48°$$

代入上面的公式（2），我们可以得出

$$x=1.7米$$

由此可见，在这样的条件下，炮弹会落到距离发射点1.7米处的西边，而不是实验者说的落回炮管之中。不过，在计算的

时候，我们没有考虑到气流对炮弹的偏向作用，因此，在实际操作中，最终的结果可能会存在一定的误差。

🛸 高空中的物体质量变化

上一节我们讨论的问题，是在没有考虑这一问题的前提——物体的重力会随着与地面距离的增大而变小，这里的重力就是牛顿提出的万有引力定律。

牛顿认为，两个物体间的吸引力跟它们距离的平方成反比，也就是说，两个物体之间的引力越小。我们在计算重力的时候，常把地心作为地球质量的中心，地球与物体之间的距离，也就是地心与物体之间的距离，因此，在计算的时候要将地球半径考虑在内。

比如6400米高空，距离是地球半径的2倍，那么，地球引力就是地球表面引力的$\frac{1}{4}$。

如果我们把这一规律运用到我们前面说的垂直向上发射的炮弹的问题上，当炮弹进入高空，受到的地球引力会变小，重力也会变小。我们还将炮弹发射出去的初始速度设定为8000米/秒，我们将重力、重力与高度变化的因素考虑在内，那么，炮弹可以上升的最高距离是6400米，但是，如果我们排除这一因素，那得到的结果只有这一数值的一半。关于这一点，我们可以通过下面的计算来验证一下。在物理学和力学中，如果一个物体竖直上升的初始速度是v，那么，在重力加速度g不变的前提下，当它升入最高点，我们可以运用下面的公式计算：

$$h=\frac{v^2}{g}$$

其中，$v=8000$米/秒，而$g=9.8$米/秒^2

我们能算出，$h=\frac{8000^2}{2\times9.8}=3265000=3265$千米

我们都知道，地球半径是6400千米，而这一结果很明显是地球半径的一半左右，这里，我们是没有考虑重力随着地球高度变化的影响的，所以，产生了这样的误差。因为地球对炮弹的引力会随着炮弹的升高而不断减小，而发射出去的炮弹初始速度并未变化，因此，炮弹会发射到更高的位置。

不过，我们并不是说传统的物理公式是错误的，但只要不超过公式的适用范围，就可以使用。在这一问题中，只要物体与地面的距离不是很远，我们就可以将重力减小这一问题忽略。比如，假如一个垂直向上运动物体的初始速度是300米/秒，此时，它虽然存在重力减小的问题，但并不明显，因此，我们可以依然使用这一公式。

按照这一规律，如果在非常高的高空，物体的质量会发生什么变化呢？

对于这一问题，1936年，一位名叫康斯坦丁·康基纳奇的飞行专家对此进行了实验，为了验证这一问题，他进行了三次飞行实验，每次飞行都带上不同重量的物体，第一次带的是0.5吨的物体，升到了11428米的高空；第二次带的是1吨的物体，升到了12100米的高空；第三次带的是2吨的物体，升到了11295

米的高空，实验结果如何呢？

也许你会认为，地球的半径是6400千米，只不过是在地球半径的基础上增加了12千米，在质量上应该不会产生很大的变化。但这次实验的结果却让大家大感意外，因为虽然升入的距离只是增加了一点，但物体的质量却减轻了很多。

对于上面的三次实验，我们借用第三次实验中的数值来揭开谜底。

物体初始质量是2吨，在升入11295米的高空后，此时物体与地心之间的距离相当于地面的 $\frac{64113}{6400}$ 倍，此时，物体在空中和地面所受到的引力之比为：

$$1 : \left(\frac{6411.3}{6400}\right)^2$$

所以，我们能推算出物体在到达11295米高空时的质量是：

$$2000 \div \left(\frac{6411.3}{6400}\right)^2 千克$$

这一算式的结果是1993千克，而初始质量是2吨，也就是说，物体从地面升入到11.3千米的高空时，其质量居然减少了7千克。

🛸 如何用圆规画出行星轨道

在开普勒提出关于行星运动的三大定律中，第一条就是：行星的运动轨道是椭圆形的。为此很多人感到不解，因为我们认为，太阳对物体的各个方面的吸引力应该是均匀的，而且，随着距离的增加，引力也减小，按照这一理论，行星的运动轨道应该是圆形，而不是椭圆形的，即便是椭圆的，为什么太阳不在轨道的正中心呢？

当然，要论证这一点，我们可以运用高等数学，但实在是太麻烦了，有没有更为简单的方法呢？答案是肯定的，其实，我们只要准备一把尺子、一个圆规和一张大一些的白纸就可以了。

如图72所示，图中的大圆圈表示太阳，小圆圈表示行星，箭头表示万有引力，箭头的长短表示万有引力的大小。

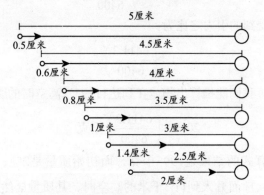

图72　行星与太阳的距离及所受引力

这里，我们可以来做一些假设：太阳与行星之间相距10^6千米，我们用一条5厘米的线段来表示，那么，比例尺就是$1：2×10^{10}$，用0.5厘米长的箭头表示太阳对这颗行星的引力。

我们假设行星在慢慢靠近太阳，直到图中4.5厘米（实际上是$9×10^5$千米）处，此时，考虑引力的情况下，我们根据万有引力定律，此时，太阳对这颗行星的引力应该增大到原来的1.2

倍。这样，在图中，表示引力的箭头应该也变成了原来的1.2倍长，也就是0.6厘米。

我们继续进行假设，如果太阳与行星之间的距离变为800000千米，也就是图中的4厘米处，此时，太阳对这颗行星的引力应该增大到原来的1.6倍。这样，在图中，表示引力的箭头应该也变成了0.8厘米。

我们再将太阳与行星之间的距离缩短，变成700000千米、600000千米、500000千米，表示引力的箭头应该也变成了1厘米、1.4厘米、2厘米。在相同的时间，天体在引力作用下的位移与这个引力大小成正比，因此，我们在前面提到的箭头除了能用来表示引力大小外，还可以用来表示位移的大小。

其实，按照上面我们假设和画图方法，我们可以继续下去，甚至能将行星位置的变化图画出来，也就是行星围绕太阳运行的轨道，如图73所示。

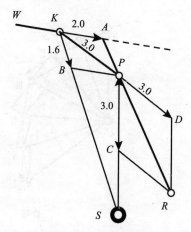

图73 行星位置变化

　　我们假设在某个时刻，有一颗与图中行星等质量的行星以2个单位的速度沿WK方向运动到点K，如果此时行星与太阳之间距离是800000千米，那么，在引力作用下，在一段时间后，它会运动到距离太阳1.6个单位的位置，同时，行星继续沿WK方向运动2个单位的长度，那么，它的运动轨迹就是以KA和KB为两边的平行四角形对角线KP，我们从图中能看出，这条对角线的长度是3个单位。行星到达点P后，会继续沿KP方向以3个单位的速度运动，此时，PS也就是它到太阳的距离约等于5.8个单位，在太阳引力的作用下，这颗行星将会沿着PS方向运动。

　　不过在上图中，我们无法再继续画下去了，因为比例尺太大，我们要想继续画出更大的行星轨道范围，就必须缩小比例尺，不过，这样画的话上图中的直线连接处就不是尖角了，而是更为平滑，这样，行星的运行轨道就更为形象了。接下来，我们就画一张比例尺更小的图，如图74所示。

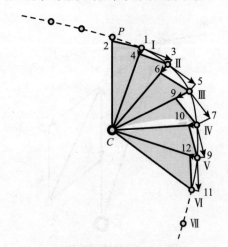

图74　行星的运行轨道

从上图中，我们能直观地看出太阳与行星之间距离的相互影响，在太阳引力的作用下，行星逐渐偏离了原来的运行路线，改为沿曲线P、Ⅰ、Ⅱ、Ⅲ、Ⅳ、Ⅴ、Ⅵ、Ⅶ运动，并且，由于图中的比例尺变小，因此，这些连线之间的尖角更为平滑了，连接起来就构成了行星的运行轨迹。

🛸 向太阳坠落的行星

我们都知道，我们的地球每天都在进行围绕太阳的公转，但不知你是否想过，如果这一运动停止会出现什么情况？一些人肯定认为：地球自然蕴含的巨大能量如果找不到释放的方法，一定会燃烧起来。

即便我们认为地球逃过了这一劫难，它还会遭受更大的灾难，如果地球停止公转，那么，在太阳强大的引力下，地球一定会慢慢靠近太阳，最后，在太阳热量下燃烧起来。

并且，在地球靠近太阳的过程中，速度也会逐渐加快，可能在一开始移动时，只是向太阳靠近了3毫米，但此后的每一秒，地球都会以成倍的速度向太阳靠近，最后，地球会以高达600千米/秒的速度撞到太阳炙热的表面上。

那么，这一过程需要多久呢？根据开普勒第三定律：所有行星的运行轨道的半长径的立方跟它们的绕日公转周期的平方之比是一个常量。

在推算这一问题时，我们可以将这一运动过程看成是一颗彗星沿着椭圆形轨道运行，这个轨道呈扁长形，其中的一个端点在地球轨道附近，另一个端点为太阳的中心，那么，彗星轨道的半长径就是地球轨道的$\frac{1}{2}$。接下来，我们可以列出比例式：

$$\frac{(地球绕日周期)^2}{(彗星绕日周期)^2}=\frac{(地球轨道半长径)^3}{(彗星轨道半长径)^3}$$

地球绕日公转的周期为365天，假设地球轨道的半长径为1，则彗星轨道的半长径为0.5，我们将这些数值代入到上面的公式中可以得出：

$$(\frac{365}{彗星绕日周期})^2=\frac{1}{0.5^3}$$

继续推算：$(彗星绕日周期)^2=365^2\times\frac{1}{8}$

彗星绕日周期$=365\times\frac{1}{\sqrt{8}}=\frac{365}{\sqrt{8}}$

这里，我们得出了彗星的绕日周期，但我们要得到的并不是这一答案，而是要知道当地球开始坠落向太阳所需要的时间，也是我们假设的此处彗星从轨道一端到另外一端所需要的时间。

所以，我们可以得出：

$$\frac{365}{\sqrt{8}}\div2=\frac{365}{2\sqrt{8}}=\frac{365}{\sqrt{32}}=\frac{365}{5.6}=64$$

也就是说，当地球停止公转，那么最多两个月，它就会撞向炙热的太阳。

实际上，我们在上面推算出来的公式不仅适用于地球，还适用于任何行星和卫星，要想计算出行星或者或卫星在停止运动后需要多久落到它们的中心天体上，只要在这个天体的绕日公转周期上除以5.6就能得到答案了。

比如，我们知道，水星绕日一周需要88天，经过计算，我们可以得出，水星停止公转后15天会落到太阳上，而海王星的绕日公转周期是地球的165倍，因此，这一答案是29.5年时间。

以此类推，我们还能算出很多星体所需要的时间，比如，月球，月球停止转动后，最多需要5天就会坠落到地球。实际上，所有和月球到地球距离差不多的天体，如果只受地球引力的作用且初始速度为0，那么，它坠落到地球表面都是5天左右。不过，这里，我们并没有将太阳的因素考虑在内。

我们在解答了这一疑问后，大概也就能解答凡尔纳的小说《炮弹奔月球》中提出的"炮弹需要多久时间才能飞到月球上"的问题了。

🛸 铁砧从天而降

在古希腊神话中，有这样一个故事：

一天，冶炼神赫淮斯托斯不小心将一个铁砧从天上掉下来，而9天后才掉落到了人间的地面上。

这一故事流传开来后，人们便认为，一个铁砧掉到人间居然花了9天时间，这说明众神居住的地方一定很高，因为即便是当时人们所敬仰的金字塔顶端掉落下一个物体，也只需要几分钟时间，所以，当时人们认为，9天简直不可思议。

如果这一故事是真的，那么，希腊众神的居所和宇宙比简直太渺小了。

前面，我们计算过月球跌落到地球表面所需要的时间是5天，而这一故事中说的是9天，我们能判断出铁砧的距离更远。

和前面的计算方法类似，我们不妨将掉落的铁砧看作是一颗卫星，我们就能得出它围绕地球运动的周期：$9 \times \sqrt{32} = 9 \times 5.6 = 51$天。

根据开普勒第三定律，我们能得出：

$$\frac{(月球绕地球的周期)^2}{(铁砧绕地球的周期)^2} = \frac{(月球的距离)^3}{(铁砧的距离)^3}$$

将数据代入其中，我们能得到

$$\frac{27.3^2}{51^2} = \frac{380000^3}{(铁砧的距离)^3}$$

$$铁砧的距离 = \sqrt[3]{\frac{51^2 \times 380000^3}{27.3^2}} =$$

$$380000 \times \sqrt[3]{\frac{51^2}{27.3^2}} = 580000 千米$$

也就是说，假设我们所说的希腊故事中的众神真的存在，那么，他们生活的地方距离地球只有580000千米，差不多是月球到地球距离的1.5倍，也就是说，古人所认为的宇宙尽头，其实只是宇宙的开始。

🛸 太阳系的边界在哪里

对于我们标题中提到的问题，如果我们将彗星轨道的远日点作为太阳系的边界，那么，根据开普勒第三定律，我们就能计算出这个边界的具体位置，就以绕日周期最长的彗星为例，它的绕日周期是776年，而近日点距离是1800000千米，我们将其远日点距离设定为未知数x，与地球相比，我们可以得出：

$$\frac{776^2}{1^2}=\frac{[\frac{1}{2}(x+1800000)]^3}{150000000^3}$$

$x+1800000=2\times150000000\times\sqrt[3]{776^2}=25330000000$千米。

也就是说，这颗彗星的远日点距离是25330000000千米，大概是地球到太阳距离的181倍。

纠正凡尔纳小说中的错误

看过凡尔纳的小说的读者，可能知道凡尔纳曾提出过一个构想——"哈利亚"彗星，它绕日公转周期是两年，另外，它还提到，这颗彗星的远日点是8.2亿千米，但是却并没有提到近日点。其实，如果我们根据前面一节中的数据和开普勒第三定律就会发现，在太阳系中根本不存在这样的彗星。

接下来，我们不妨就来论证这一问题。

现在，我们来设定未知数x，用它来代表近日点的距离，那么，它的运行轨道长径就是$x+8.2$亿千米，半长径是$（x+8.2）\div2$亿千米。地球到太阳的距离是1.5亿千米，根据开普勒定律，将它的绕日公转周期和距离与地球相比，得出这样的比例式：

$$\frac{2^2}{1^2} = \frac{(x+8.2)^3}{2^3 \times 1.5^3}$$

算出，$x=-343$

计算结果为负数，很显然这是不可能的，因此，这样的彗星也是不可能存在的。

地球的质量能称出来吗

如图75所示，当我们说能将地球的质量用这样的方式称出来时，你一定感到非常诧异，那么，在本节中，我们就看看天文学家们是怎么做到的。

图75　称出地球的质量

在讨论这一问题之前，我们先要搞清楚，这里"称"的到底是什么，一些人说，那肯定是质量啊。不过，从物理学的角度来说，物体的质量指的施加在物体上的压力，但在天文学上，我们的地球是没有支撑点的，无法挂在任何物体上，也就没有所谓的压力，因此，我们说的"称"，其实不是质量，而是地球物质的分量。

举个很简单的例子，我们从超市购买500克白糖，你大概不会关心这500克白糖对秤施加的压力有多大，而是关心这些白糖能冲出多少糖水来，这就是白糖的物质的分量。

实际上，相同分量的物质具有相等的质量，而质量与引力是成正比的，因此，如果我们想要衡量物质的分量，可以通过计算地球对这一物质的引力。

下面，我们继续来讨论地球的质量这一问题，我们在了解了地球的物质的分量这一问题后，就能推断出如果地球被一个物体支撑，它会对这一物质的表面形成多大的压力。

1871年，乔里提出了一种方法，如图76所示。

这是一个非常灵敏的天平，他在天平两端分别挂了上下两个盘子，我们忽略盘子的质量，上下两个盘子的距离是20~25米，在右边下面的盘子里放入一个质量为m_1的球体，此时，天平会失去平衡，为了保持平衡，我们再往左边的盘子中放入一个质量为m_2的物体，不过，这两个物质的质量并不相等，这是因为如果二者质量相等，加上它们处于不同高度，那么，所受到的将会是不相等的地球引力。此时，我们再往天平右下方的盘子里放入一个质量为M的铅球，此时，天平的平衡会再次被

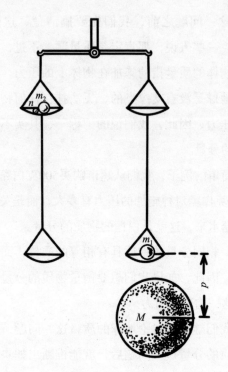

图76 天文学家"称"地球的方法示意图

破坏，根据万有引力定律，球体m_1会受到铅球M的引力F，而且引力F跟它们的质量成正比，与它们的距离d的平方成反比，也就是：

$$F=G\frac{Mm_1}{d^2}$$

这里，G为引力常数。

为了保持平衡，我们必须在左上方的盘子里放一个质量为n的小物体，此时，物体n对秤的压力来自它自身的质量，也就是说，这和地球整体的质量吸引这个小重物的引力F'

相等。

$$F'=G\frac{nM_e}{R^2}$$

其中，F为地球对物体n的引力，M_e为地球的质量，R为地球的半径。

不过此处，铅球对左上方盘子里的物体影响非常小，我们可以忽略，于是，我们可以继续推算出：

$$F=F' \text{或者} \frac{M_e m_1}{d_2}=\frac{nM_e}{R^2}$$

这里，只有地球的质量Me是未知的，其他数据我们都能通过测量得到。于是，我们就能得出：$M_e=6.15 \times 10^{27}$克，这一数据是通过测量和推算得出的，其实，还有其他得到地球质量的方法，更为准确的结果是5.974×10^{27}克，大约是6×10^{21}吨。

现在，我们找到了"称"出地球质量的方法了，虽然用"称"这一词并不恰当，但也有一定的道理，这是因为我们在测量的时候需要用到天平，另外，我们测定的也不是物体的重量，或者说地球对这一物体的引力，而是使物体的质量等于砝码的质量，从而测出质量。

🛸 地球的核心

我们经常在一些文章中看到这样错误的论述：我们只需要测出每立方厘米地球的平均质量，将比重与体积相乘，就能得出地球的质量。

那么，我们为什么说这一说法是错误的呢？这是因为，我们不可能完全准确地了解地球的大部分物质，因此，地球的真实比重也就不得而知。我们得到的也只是比较薄的地壳最外层的比重，按照现在勘探技术，我们能探测到的矿物质也只限于25千米以内，而通过计算，我们知道，这些部分只占了地球全部体积的$\frac{1}{85}$。

实际上，人们认为的算法其实与正确的算法刚好颠倒了。我们应该先确定出地球的质量，然后再通过这一数值得出地球的平均密度。现在，我们也已经知道，地球的平均密度大概是5.5克/立方厘米。实际上，这比地壳的平均密度大多了，因此，我们可以说，地球的核心是一些尚不明确的高密度物质。

🛸 月球上和行星上的重力变化

在提到月球和行星上的重力问题时，不少人产生疑问：我们并没有在月球和其他行星上生活过，怎么知道它们上面有没有重力呢？

其实答案很简单，我们并不需要身临其境地实验，只需要知道这个天体的半径以及质量，就能计算出物体在这个天体上受到的重力是多大。

我们仍然以月球为讨论对象，在前面，我们已经计算出，月球的质量是地球的$\frac{1}{81}$，根据牛顿定律，在讨论万有引力定律时，我们通常将球体的质量集中在球心来分析。对于地球而言，从地心到地表的距离是半径，对于月球来说也是如此，月球半径是地球的 $\frac{27}{100}$，因此，我们能推算出月球上的引力：

$$\frac{100^2}{27^2 \times 81} \approx \frac{1}{6}$$

我们举一个更为直观的例子，如果一个物体在地球上的质量是1千克，那么，到了月球上，它的质量就只有 $\frac{1}{6}$ 千克了，不过，这个变化并不是很明显，我们唯有通过弹簧秤测量才能看出来。

我们再来探讨一个有趣的现象，假设月球上有水，而我们在月球上游泳，那么，其实在月球上游泳的感觉与地球上是一样的。这是为什么呢？

这是因为我们人体的质量在月球上也会减少到原来的 $\frac{1}{6}$，在游泳的时候排出去的水的质量也是原来的 $\frac{1}{6}$。

下表是我们列出的同一物体在地球与各个行星上的重力大小（我们假设地球重力是1）。

行星	重力
水星	0.26
金星	0.90
地球	1.00
火星	0.37

续表

行星	重力
木星	2.64
土星	1.13
天王星	0.84
海王星	1.14

在上表的排序中，地球居于第四位，木星、海王星和土星都排在它前面，如图77所示。

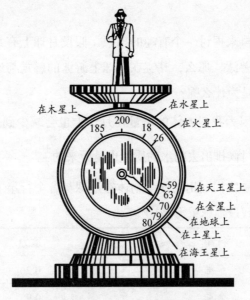

图77 同一个人在不同行星上的重量

🛸 想不到的天体表面重力

在前面，我们提及了矮星型的天狼B星的一些特征，它是一个半径很小，但有着非常大质量的白矮星，因此，它表面的重力作用也非常大。除此之外，还有一颗仙后座的白矮星，它的质量大概是太阳的2.8倍，半径却只有地球的$\frac{1}{2}$，我们能据此算出其表面重力是地球的$2.8 \times 330000 \times 2^2=3700000$倍。

在地球上，1立方厘米水的重量是1克，但是如果放到这颗星球上，它的重量竟然达到了3.7吨，这是因为这一星球上的物质密度非常大，大概是水的3.6×10^7倍，也就是说，1立方厘米的这种物质，在这颗星球的表面的质量是：

$3.7 \times 10^6 \times 3.6 \times 10^7=1.332 \times 10^{14}$克，这简直不可思议。

🛸 行星深处的重力变化

不知道你是否考虑过这样的一个问题：如果我们将一个物体放入到一颗行星的最深处，那么，物体的质量会产生怎样的变化呢？

一些人可能认为，肯定是质量会变重，这是因为越是靠近行星的中心，越是会变重。但其实，情况正好相反，越到行星的内部，物体所受到的引力不是变大，反而是变小。为什么呢？下面，我们就这一问题进行分析。

我们假设行星的半径是R，而物体到行星中心的距离为r，如图78所示。

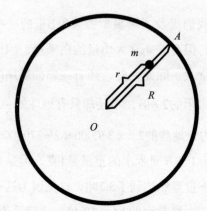

图78　物体质量与它同行星中心的距离关系

此时，物体所受的引力会发生两方面的变化，第一是由于距离缩短而让引力变大，具体会增加到原来的$(\frac{R}{r})^2$倍，另外一方面，发挥作用的物质在变少，此时引力也会变小，减少到原来的$(\frac{R}{r})^3$，二者之比就是物体受到的总引力的变化。

$$(\frac{R}{r})^3 \div (\frac{R}{r})^2 = \frac{r}{R}$$

从这个公式中，我们能看出，物体在行星里面的质量与其在行星表面的质量之比，等于物体到行星中心的距离与行星的半径之比，如果这也是个与地球半径差不多的行星（6400千米），那么，在这颗行星中心的一半距离时，也就是3200千米的地方，物体的质量将会变成原来的$\frac{1}{2}$，而如果深入到5600千米，质量则变成原来的$\frac{1}{8}$。

另外，我们可以说，当物体到了行星的中心处时，物体的质量将变为0，这是因为：

$$（6400-6400）\div 6400=0$$

事实上，即便不用计算，也完全可以通过推理得出，而如果物体到达了行星的中心，它将同时受到四面八方的引力作用，而来自各方面的引力相互抵消而导致了质量的消失。

不过，我们需要提出，这些推论成立的前提是，行星必须要是密度均匀的，因此，在实际情况中，我们需要对这一推理进行修正，比如地球，在地球内部和深处的密度则比其表面密度大得多，因此，我们在前面说的物体的引力随着距离变化的规律跟我们刚才所说的有所不同。如果物体处于距离地面较浅的部分，那么，它受到的引力将随深度的增加而变大，但是到了一定的深度后，引力就又会越来越小。

月球会影响气候吗

前面，我们提及，月球对地球产生引力而引起潮汐，那么，这一引力是否也会影响地球上的空气而影响气候呢？

答案是肯定的，我们称这种现象为大气潮汐，最早发现这一现象的是俄国的科学家罗蒙诺索夫，他称之为"空气的波"。

很多科学家曾就这一问题做过研究，但是众说纷纭，观点不一，不过大部人认为，大气的质量很轻，而且有很强的流动性，因此，月球引力对大气的作用十分明显，这种作用不仅能改变大气压力，而且会对地球上的气候产生决定性影响。

不过，实际上，这一观点并不正确，我们从理论上来说，月亮引起对大气产生的潮汐肯定比水的潮汐要弱得多，对于最底层的空气来说，它们的最大密度只有水的$\frac{1}{1000}$，那么，为什么空气潮汐的高度并不是水的潮汐的1000倍呢？

这一问题，就好比我们曾说的不同的物体在真空下的下落速度相同一样令人费解。比如，我们就曾做过实验，在真空状态下，一个铅球和一根羽毛的下落速度是相同的。

我们这里说的潮汐，我们也能将其理解为在真空宇宙空间内，地球及其表面的水在月球或者太阳的引力作用下进行坠落，因此，无论它们的质量如何，都有着相同的坠落速度，同样，在万有引力的作用下，它们的位移也是相同的。

因此，与大部分科学家想到的不同的是，大气潮汐的高度与水潮汐的高度是相同的，实际上，如果你足够细心，你也会发现，我们在前面运算的众多公式中，并没有提到水的密度或者深度的变量，只有地球的半径、地球的质量以及地球到月球的距离，因此，我们将公式运用其中，就能得出大气潮汐和水潮汐高度相等的结果。

一些人可能认为，海洋潮汐的高度应该很大，但实际上，这一高度一般不超过0.5米，且只有在靠近陆地和地形的影响下，潮水才有可能高涨到10米以上。并且，现在随着更多科技装置的发明，人们已经能测出海洋潮汐的高度。

不过，在大气潮汐中，它的高度却不受这些因素的影响，且0.5米对于气压的影响，我们完全可以不将其考虑进去。曾有科学家对这一问题进行过研究，发现大气潮汐对气压的影响不会超过0.6毫米汞柱，所引起的风速不会超过7.5米/秒。

因此，我们可以说，虽然大气潮汐对气候产生影响，但基本可以忽略不计。因此，我们也就没必要相信月亮的位置可以预测气候的论点了。

参考文献

[1]别莱利曼.趣味天文学[M].北京：北京理工大学出版社，2020.

[2]策尔尼克，哈恩.天文学入门：带你一步一步成功探索星空[M].北京：北京科学技术出版社，2018.

[3]别莱利曼.世界地理百科[M].余杰，编译.天津：天津人民出版社，2017.

[4]别莱利曼.写给孩子的趣味天文学[M].甘平，译.武汉：武汉大学出版社，2019.